高速公路房建工程施工技术指南

主　编　许振兴　张晓峰　宋延艳　孙晓华
王绍磊　赵伊华
副主编　陈立斌　王中华　孙连成　游录昌
王小龙　张建娟　刘　涛　张福勇
王仕浩　张　健　陈俊宝

中国建材工业出版社

图书在版编目（CIP）数据

高速公路房建工程施工技术指南/许振兴等主编．
--北京：中国建材工业出版社，2020.6
ISBN 978-7-5160-2903-9

Ⅰ.①高… Ⅱ.①许… Ⅲ.①高速公路-路侧建筑物-工程施工-指南 Ⅳ.①TU417-62

中国版本图书馆 CIP 数据核字(2020)第 070763 号

内 容 简 介

本书针对高速公路房建工程，在现行房建工程施工、验收等相关标准、规范基础上，着重从工序、工艺和管理的角度对现行标准、规范做进一步补充，加强源头管理和过程管理，促进高速公路房建工程施工机械化、集约化，实现高速公路房建工程施工标准化，提高施工效率，提升管理实效和实体工程质量；通过专项施工技术方案评审制、班前例会制等制度，加强技术把关和交底，确保施工安全。

本书可作为高等学校土木工程（房建方向）课程的教材，也可供交通土建工程专业相关技术人员参考阅读。

高速公路房建工程施工技术指南
Gaosugonglu Fangjian Gongcheng Shigong Jishu Zhinan
许振兴　张晓峰　宋延艳　孙晓华　王绍磊　赵伊华　主编

出版发行：中国建材工业出版社
地　　址：北京市海淀区三里河路 1 号
邮　　编：100044
经　　销：全国各地新华书店
印　　刷：北京雁林吉兆印刷有限公司
开　　本：787mm×1092mm　1/16
印　　张：10.75
字　　数：230 千字
版　　次：2020 年 6 月第 1 版
印　　次：2020 年 6 月第 1 次
定　　价：55.00 元

本社网址：www.jccbs.com，微信公众号：zgjcgycbs

前　言

高速公路房建工程主要指收费站、监控中心、养护工区、服务区等沿线设施，施工中由于其作为附属工程，往往容易被忽视。近年来，我国高速公路建设突飞猛进，为加快推行高速公路房建工程标准化工程管理，提升项目建设形象，建设绿色公路，打造品质工程，培育项目建设文化，塑造高速公路工程建设管理品牌，根据工程实际情况，我们编制了《高速公路房建工程施工技术指南》（以下简称《指南》）一书。

本《指南》的编制依据是交通运输部、住房城乡建设部等发布的与施工标准化相关的法律、法规、标准、规范、规程、文件和行业内成熟、先进的施工工艺工法和管理办法。

本《指南》针对高速公路房建工程，在现行房建工程施工、验收等相关标准、规范基础上，着重从工序、工艺和管理的角度对现行标准、规范做进一步补充，加强源头管理和过程管理，促进高速公路房建工程施工机械化、集约化，实现高速公路房建工程施工标准化，提高施工效率，提升管理实效和实体工程质量；通过专项施工技术方案评审制、班前例会制等制度，加强技术把关和交底，确保施工安全。

本书在编写过程中得到了齐鲁交通发展集团有限公司、山东省交通科学研究院、山东交通学院、聊城市公路事业发展中心、山东省潍坊第十中学、山东东方路桥建设总公司、山东恒建工程监理咨询有限公司等单位领导的大力支持，在此一并致谢。

鉴于编者水平有限，书中不当之处敬请广大读者批评指正。

编　者

2020 年 3 月

目　　录

1 总　　则

（1）为规范高速公路工地建设管理，贯彻落实五大发展理念和建设“四个交通”，提升项目建设形象，建设绿色公路，打造品质工程，培育项目建设文化，塑造高速公路工程建设管理品牌，结合目前高速公路建设情况，编制本指南。

（2）本指南主要依据交通运输部、住房城乡建设部、山东省交通运输厅等工程建设主管部门发布的与工地建设相关的文件、标准、规范、规程、指南和行业内采取的成熟和先进的施工工艺和管理办法编制。

（3）本指南是对相关施工技术规范的细化、补充，在使用过程中未涉及的内容，应严格按照公路工程及房建工程相关技术标准、规范等执行。

（4）房建工程施工前应按照“连续性、均衡性、节奏性、协调性和经济性”的原则编制实施性施工组织设计。对技术条件复杂的工程，应进行多方案比选，编制安全可靠、技术可行、经济合理的专项施工方案。

（5）房建工程施工前应根据实际情况进行施工安全风险评估，以提高施工现场安全预控的有效性。

（6）本着节约能源、降低材料消耗、提高综合经济效益、发展绿色公路的原则，房建工程施工应积极应用新技术、新工艺、新材料、新设备，积极总结各项成熟和先进的施工工艺和工法，提高房建工程施工管理水平和技术水平。

（7）在使用和执行本指南过程中，应严格执行房建工程相关设计、施工、试验、检测、测量等方面的技术标准、规范、规程、规定；本指南未涉及内容应按相关技术规范执行。

2 施工准备

2.1 一般规定

（1）施工单位应按招标文件的要求配齐人员、机械设备和试验检测仪器，建立相应的施工管理机构，制定现场管理的各项规章制度，落实管理措施。人员和机械设备如需更换，应按合同约定的办法和程序办理。

（2）施工单位进场后，应及时将人员的联系信息报送监理工程师和建设单位，主动与建设单位、监理工程师、地方征地拆迁机构及其他相关部门进行沟通联系，熟悉项目管理的基本程序，相互交换工作分工、工作节点的时限要求、现场存在的问题等重要信息。

（3）应充分考虑施工过程对地下构筑物的影响，应事先对现场地上、地下存在的各类管线进行充分调查，与相关产权部门进行联系与沟通，编制管线改移或保护方案并报产权单位审批，按审批后的方案或产权部门下发的方案、图纸进行施工。

（4）开工前，施工单位技术人员应对设计文件进行全面细致的审核（特别注意坐标、高程的复核），对设计中存在的问题应及时上报监理及设计单位解决，尽快完成图纸会审。根据设计文件、合同约定和现场实际情况，编制实施性的施工组织设计，并按规定进行报批。

（5）开工前，必须建立健全质量、安全、环保管理体系和质量检测体系；对各施工班组、施工人员进行岗前培训和技术、安全等各项交底工作。

（6）主要建筑物应设置二维码识别，明确施工时间和质量要求（房建工程施工规范检测项目的数据）、施工单位现场安全负责人、监理单位责任人等；二维码粘贴在结构物东墙靠南侧，现场适合扫描位置。

2.2 人员组织

（1）按合同约定组建项目管理机构，组织施工、技术管理人员进驻现场。

（2）根据工期合理安排各专业施工队伍陆续进场，保证劳动力的质量和数量满足施工需要，进场前应进行入场教育；应编制（月、季、半年、年）施工进度计划和劳务用工计划，确保特殊季节（农忙、节假日等）劳务人员数量。

（3）施工队伍的相关特种作业人员必须具有行业主管部门颁发的特种作业人员许可证，特殊工种人员经监理单位考核合格方可持证上岗。

（4）施工单位要及时统计劳务人员基本信息，及时与工程所在地的公安机关、劳动部门沟通并办理相关手续。

（5）定期对劳务人员进行安全教育，按时发放劳保用品。

（6）必须与劳务人员签订用工合同，按时对劳务人员工资进行结算，不准拖欠劳务人员工资。

（7）施工作业人员数量、技能应符合施工组织设计或方案要求。各班组施工人员应有熟练工人作为骨干，所有一线施工人员应经过技术培训，熟悉本人承担工作的技术要求和操作要点。

2.3　机具准备

（1）根据计划安排组织满足工程实际需求的施工机械、设备进场，机械、设备实行准入制度，停放位置应合理规划、分区布置、摆放整齐；应保证设备安全可靠、运转正常，严禁设备带病作业。特种设备（如塔吊、物料提升机等）应取得行业行政主管部门检测许可，计量设备、器具（测量、计量器具）应取得相关部门颁发的计量合格检验报告和使用许可证。

（2）施工单位应建立“一机一档”制度，并严格遵守“四个一”制度，即一机、一人（专职防护）、一牌（设备标志牌）、一证（机械操作证）；所使用的机械设备如钻机、起吊设备等，应在显著位置悬挂操作规程牌，标明机械名称、型号种类、操作方法、保养要求、安全注意事项及特殊要求等。

（3）根据施工现场具体情况，配备满足职工正常生活和基本生产需要的发电机组，并设发电机组室和燃料储存室，由经过培训合格的专业人员进行维护和管理。现场配备充足的消防灭火材料。

（4）在施工关键部位（如拌合站、施工主作业面）宜设置实时电子监控系统，以加强对工程质量的监督检查，增强对工程实施过程的可追溯性。

（5）拌合站必须采取自动计量、自动上料设备。

2.4　材料准备

（1）根据施工组织设计中的施工进度计划和施工预算中的工料分析，编制工程所需的材料用量计划，作为备料、供料工作和确定仓库、堆场面积及组织运输的依据。

（2）根据材料需用量计划，做好材料的申请、订货、采购及保管工作。

（3）根据施工进度计划及施工预算所提供的各种构配件及半成品数量，编制相应的需用量计划；并应积极联系生产厂家，组织货源。

（4）应建立工程材料管理台账，记录材料的生产厂家、出厂日期、进场日期、数量、规格、批号及使用部位，还应记录送检日期、代表数量、检测单位、检测结果、报告日期以及不合格材料的处理情况等内容，落实好材料管理“源头把关，过程控制”的各个环节。

（5）水泥、钢筋、加气混凝土砌块、保温、防水等重要材料应实行备案制度，并应加强进场质量检验，其质量证明书和试验检验报告与工程交（竣）工资料一起存档备查，作为对工程质量终身负责的证据。

（6）材料验收合格后，应根据材料性能和用途合理选择存放场所，规范码放，并应考虑材料的防火、防盗、防潮湿及运输、装卸、加工等因素，避免二次倒运。

2.5 技术准备

（1）做好调查工作：

① 做好项目所在区域气象、地形和水文地质的调查。掌握气象资料，以便综合组织全过程的均衡施工，制定雨季、冬季等施工措施；制定相关应急预案，采取相应的预防、应对措施。

② 做好项目所处区域物质资源和技术条件的调查。由于房建工程施工所需建筑材料品种繁杂、数量众多，故应对各种建筑材料、成品、半成品的生产供应情况、价格、品种等进行详细调查，以便及早建立供需关系，落实供需要求。

③ 应加强对水源、电源供应的落实，包括水源的水量、水压、接管地点；电源的负荷、线路距离等。

（2）做好与设计的结合工作：

① 组织相关人员认真学习设计文件，并进行自查、会审工作，以便正确无误地组织施工。通过系统学习，熟悉图纸内容，掌握相关规范、规程、标准和施工方法，明确工艺流程。

② 进行自查，组织专业施工技术人员对各专业的图纸进行审核、对照对比，熟悉和掌握图纸中各施工工序的相互关系和细部节点做法。了解各相关专业的施工顺序和作业交叉情况，确定各种预埋、预留管线、孔洞与主工序的相互关系。

③ 组织各专业施工队伍学习招标文件和合同文件，了解最新的法律法规和规范规程。与设计院进行技术交底，了解设计意图及施工质量标准，准确掌握设计文件中各分项工程的实施顺序、实施方法和实施持续时间等。

（3）应对合同管理和计量支付人员进行相关培训，进行CAD制图软件、预算编制软件、财务管理软件及各项目信息管理系统的业务学习，加强计算机管理在施工过程中的应用。应建立通信网络和项目部局域网，便于及时进行联系沟通。

（4）根据设计单位提供的坐标点设置工程测量控制网，并报监理单位审批。

（5）配备必要的试验检测设备（天平、烘箱、灌砂筒、坍落度测定仪、混凝土回弹仪、混凝土试模、砂浆试模等）和符合要求的标准养护室。根据工程需要宜配备2000kN压力试验机、1000kN万能试验机、300kN万能试验机等试验设备。也可选定经项目办及监理单位认可的具有相应试验资质的工地实验室和第三方检测试验单位。

（6）施工单位应在签订合同协议书后的1个月内，根据合同明确的总体工期和关键节点工期的控制要求，完成实施性施工组织设计的文件编制。

（7）房建重要的分部、分项工程（如独立基础、砖砌体、抹灰、防水、保温、板块面层、门窗安装、吊顶、水电暖安装等）实行首件工程认可制，每个分项工程施工方案批复后，施工单位应提出首件工程开工申请，经监理工程师审核批复后组织实施。首件工程完工后，组织召开首件工程总结会，施工单位对完成的首件工程项目的施工工艺进行总结和完善，并对首件进行综合评定，提出自评意见；监理工程师提出评审意见。首件工程经监理工程师认可后施工单位方可提交分项开工申请，经监理工程师同意后方可展开大面积施工。

（8）施工单位根据施工内容分类编制技术交底和安全交底（三级交底），逐级组织培训学习，签字和影像资料齐全并存档。交底内容必须有针对性，保证一线工人可以顺利地贯彻执行。现场应设置技术和安全交底的二维码展板，以方便工人随时查看。

（9）冬期施工前编制冬期施工方案，进入冬期后安排专人收集天气预报，及时掌握大风、降温、降雪等天气情况。

（10）雨期施工前编制雨期施工方案，进入雨期后安排专人收集天气预报，及时掌握大风、雷雨等天气情况。

（11）项目经理部应建立班前会制度，每天上班前应向作业人员明确当日作业的相关技术、安全要求。

（12）施工单位应建立“一人一档”制度；应以班组为单位对一线操作人员进行岗前培训、上岗考试等教育培训，并经监理工程师考核通过认可后才能安排组织生产施工，对于三次未通过考核的班组，实行清退措施。

2.6 作业条件准备

2.6.1 施工场地

（1）房建工程开工前应完成“四通一平”，即做好临时水、电、通信和施工便道的修建工作，并进行场地平整。

（2）施工现场必须实行封闭式施工，场区周围连续设置围挡。围挡材料要求坚固、稳定、统一、整洁、美观，宜采用硬质材料。制定门卫制度，严格执行外来人员进场登记制度。

（3）应在施工现场的醒目位置布置统一制作的“五牌一图”，即工程概况牌、质量安全目标牌、管理人员名单及监督电话牌、安全文明施工牌、重大风险源告知牌和施工现场平面图。各类标示牌、警示牌应齐全。

（4）应在施工现场合适位置悬挂或摆放建设单位、监理单位、施工单位的发展经营理念、管理目标等各类宣传标语（图 2-1）。

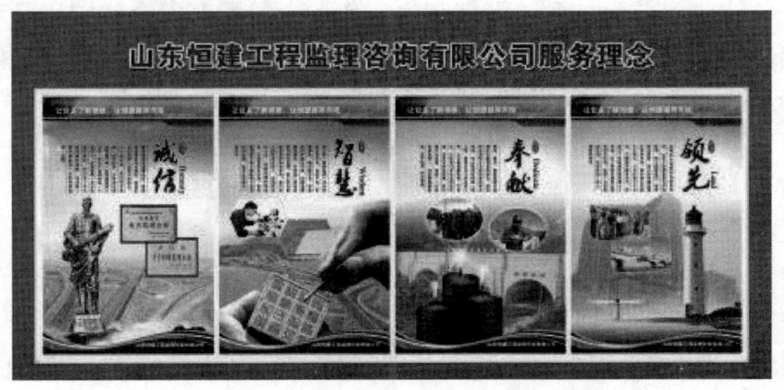

图 2-1 施工现场悬挂宣传标语

（5）施工现场应进行地面硬化并适当美化，作业区、生活区主干道地面应硬化处理，施工现场设置排水系统，确保排水畅通、不积水；生活区宜适当绿化。

（6）施工现场钢筋加工棚、木工加工棚、配电箱棚要采用组装式定型化、工具化、标准化产品，四周张贴宣传标语及警告、警示标志，并配备防砸、防雨措施。

建筑材料、构件、料具必须按施工现场总平面图合理布置，且必须做到安全、整齐堆放（存放），不得超高。堆料分门别类，悬挂标牌，标牌应统一制作，标明名称、品种、规格数量等。易燃易爆物品由专人负责管理，分类单独存放，确保安全。

（7）施工现场建立清扫制度，落实到人，做到工完料尽、场地清。建筑垃圾及时清运，临时存放现场的也应集中堆放整齐、悬挂标牌。不用的施工机具和设备应及时出场。

（8）施工现场根据施工平面图设置职工宿舍。宿舍应集中统一布置，与办公、生活区应明显划分。确因场地狭窄不能划分的，要有可靠的隔离拦护措施。宿舍内（包括值班室）严禁使用煤气灶、煤油炉、电饭煲、“热得快”、电炒锅、电炉等器具。

（9）施工现场必须备有保健药箱（箱内配备一些工地常用的药品）和急救器材。

2.6.2 施工作业人员要求

进入施工现场的人员应佩戴安全帽，持上岗证。

2.7 安全施工准备

（1）施工单位在编制施工组织设计和施工技术方案时，应根据工程特点同时编制保证施工安全的组织方案和技术方案。危险性较大的工程（《建设工程安全生产管理条例》第二十六条所指的七项分部分项工程）应编制安全施工方案。

（2）施工单位应按照相关法律法规的要求建立健全安全生产管理制度，保证安全生产条件所需资金的投入，设置安全管理职能部门，配备相应的专职安全管理人员，明确管理职责和安全责任。

（3）单位工程作业前，应分级向管理人员和作业人员进行安全技术交底。分部分项工程作业前，应由项目工程师或分管技术员向全体作业人员进行安全技术交底。工班长每天班前会布置生产任务时，应对易发生的安全事故进行提醒、警示。

（4）施工单位应提前为技术、管理和生产作业人员配齐安全防护用品，并应保证防护用品的质量满足国家或行业标准的规定。进入施工现场的人员应按规定佩戴、使用劳动安全防护用品，安全监察人员应佩戴袖标（牌）。

（5）施工单位应做好施工作业人员的安全教育培训。特种作业人员应经过专业培训，持证上岗。

（6）施工作业所使用的机械、设备和工具应符合国家有关标准的规定，施工单位应定期检查和检验，特种设备应符合其安拆、维护、使用和检验等管理制度的规定；各种机电设备操作和各种危险作业，施工单位应根据安全操作规程在施工现场设置安全操作规程牌进行明示，其内容应包括操作要点、安全事项、工前检查、工后保养、日常维护等。

（7）施工单位应根据《施工现场临时用电安全技术规范》（JGJ 46）的要求和施工现场的特点以及地理环境等，由电气工程师编制施工现场临时用电方案（临时用电施工组织设计）。

（8）施工单位应对施工生产作业区域内的临边、洞口和可能发生高处坠物的区域设置符合规范要求的安全防护设施；对施工现场范围内可能存在危险性的区域，设置醒目的警戒、警告、警示标志；夜间施工时，现场应设置保证施工安全要求的照明设施。

（9）施工单位应按照国家有关规定配置消防设施和器材，设置消防安全标志。

（10）施工单位应组织制定安全生产应急救援预案，建立应急救援组织机构，配足应急救援人员、机具、物资、器材，并定期组织开展有针对性的演练。

（11）施工单位应为施工现场从事危险作业的人员办理意外伤害保险。

2.8　环境保护

（1）施工单位在编制施工组织设计和施工方案时，应根据工程特点，针对在施工中可能对环境造成的不利影响，编制具体的环境保护方案。

（2）现场液态、固态等各类废弃物，应按照规定进行处理，严禁擅自掩埋、焚烧或排放；施工现场应根据需要设置机动车辆冲洗设施、排水沟及沉淀池，施工、生活污水经处理达标后方可排放，防止水土污染。

（3）施工现场应经常洒水，避免扬尘污染空气。

（4）临近居民区施工时产生的噪声不应大于现行《建筑施工场界环境噪声排放标准》（GB 12523）的规定，施工作业人员在噪声较大的现场作业时，应采取有效防护措施，施工所产生的振动对邻近建筑物或设备会产生有害影响时，应采取相应的措施并进行监测。

（5）应节约用地，少占用农田。不得随意占用或破坏施工现场周围相邻的道路、植被以及各种公共设施场所。

（6）交工前，应及时对临时辅助设施、临时用地和弃土等进行处理，保证做到工完场清，符合环保要求。

3 施工测量

3.1 一般要求

（1）以设计单位提供的平面和高程控制点为依据，先测设出控制点绝对坐标作为施工坐标的基准线。

（2）根据设计对工程平面坐标和高程的要求，准确地将建筑物的轴线与标高反映在施工过程中，严格按工程测量规范要求进行控制点的加密和放样工作。

（3）高速公路房建工程控制点往往采用和主线单位共用的方式，即各方见证下由主线单位向房建单位交桩，各桩点应在复测后交接并填写完整的“交桩及复测记录”，由各方进行签字。房建工程应加强控制点的复核、保护，可根据工程需要向场区内传递龙门桩。

（4）测量器具的使用：所有测量器具需经相关计量检测部门校验合格并经监理单位审核后方可使用，同时确保使用时在有效检测期限内。

3.2 建立施工平面控制网及水准控制网

3.2.1 施工平面控制网

（1）根据设计单位提供的放线依据和资料，按设计文件和规范要求对工程进行定位测量。

（2）结合施工图分别实测出具有控制性轴线组成的场区控制网。纵横轴线交角误差控制在规范规定范围内，在主要控制轴线两边埋设半永久性控制桩，并做好轴线标记。

（3）在建好轴线控制网的基础上，根据施工图尺寸依次施测出其他各条轴线并做好轴线标记，作为基础定位及主体升高过程中墙、柱细部放样的依据。其精度要严格按设计要求和《工程测量规范》（GB 50026—2007）的有关规定执行。

3.2.2 水准控制网

（1）根据设计单位提供的水准控制点和施工总平面布置图，结合现场实际情况，埋设永久性水准控制点作为本工程标高控制和传递的依据，埋设方法同轴线控制桩。

（2）水准控制点的校核：按规范要求，对设计单位提供的水准控制点和现场拟设置的半永久性水准点进行闭合测量，测量结果应满足规范要求。

3.3 主轴线的定位与放线

3.3.1 基础施工阶段

基础开挖前，技术人员根据轴线控制网，按照基础中心线与轴线的关系，施测出相关的工程轴线，并引测至基坑上口设置的木桩上，作为基坑的开挖控制线，在混凝土浇筑前需复核。各纵横轴线在基坑开挖边线外10～15m设半永久性轴线控制点，以便后续施工中的引测和复测。

3.3.2 主体施工阶段

(1) 工程基础结构施工完成后，根据建立的轴线控制网，采用全站仪、经纬仪等测量工具将控制轴线直接投测于结构混凝土墙柱上，用醒目红油漆标注，检验无误后，将其用墨线弹出。

(2) 轴线网投测宜使用铅锤仪，控制轴线投测到施工层后，根据控制轴线测设其他轴线及柱、梁、门窗洞口等边线。

3.4 高程控制

(1) 基础标高引测：由水准控制点把标高引测至基坑内壁，用木桩做标高标记，作为基坑开挖和基础标高的控制依据。

(2) 标高的传递：在建筑物正、侧立面的外柱上各设两处标高传递点，做法为在距楼地面标高1m的钢筋混凝土柱上用红色油漆做标志，用钢尺和水准仪引测至相应楼层，做好标记。

(3) 主体标高控制：柱拆模后，应在距本层楼面标高500mm高度的柱上弹出一条水平墨线，用红色油漆标记，以此作标高控制依据，并作为楼地面和门窗洞口的高度控制线。

3.5 质量控制要点和监理要点

(1) 在施工中对重要的控制部位，现场监理要亲自复核抽查，以确保误差在允许范围之内。

① 检查基坑土方开挖底标高的准确性。

② 检查、复核建筑物主轴线的测设和引测情况。

③ 检查基础底垫层、基础顶面、各楼层、屋顶层的标高和层高。

(2) 现场监理工程师对每项测量检查、复核情况都必须有详细记录，除有关原始数据外，必要时应有相应的文字、照片及影像说明。测量资料应作为监理资料档案的重要组成部分。

4 通用技术

4.1 钢筋工程

4.1.1 一般规定

（1）钢筋进场时应按炉（批）号及直径（d）分批检验。每捆（盘）钢筋均应具有表明其生产特征的铭牌，检查核对铭牌标志与出厂质量证明书、检验报告单是否一致，并对钢筋进行外观检查，钢筋表面不得有裂纹、结疤、油污、折痕和剥离性锈蚀现象。按现行国家有关标准的规定抽取试样做力学性能检验，合格后方可使用。

（2）钢筋在加工过程中，如发现脆断、焊接性能不良或力学性能显著不正常等现象，应根据现行国家标准对该批钢筋进行化学成分检验或其他专项检验，杜绝使用不合格钢材。

（3）不合格品的处理：对于不合格的钢筋，首先立即书面通知作业班组不准使用，并在钢筋堆上挂明显标志牌；然后组织钢筋退场，并做好不合格品处理记录。

4.1.2 钢筋加工

（1）钢筋加工制作需在现场进行，钢筋制作加工所采用的钢筋规格和质量，必须符合设计要求和现行国家技术标准的规定。

（2）技术人员负责编制钢筋配料单，操作人员严格按钢筋配料单进行钢筋加工，确保尺寸正确。钢筋在下料时要综合考虑钢筋的弯曲延伸量、对焊预留量、电弧焊的焊缝有效长度、锚固长度、搭接长度，综合考虑现场实际情况，钢筋相互穿插、避让关系，解决首要矛盾，做到在准确理解设计意图、执行规范的前提下进行施工作业。

（3）钢筋加工前需调直的，应采用机械调直的方法进行，使钢筋无局部弯折，Ⅰ级钢筋的冷拉率不宜大于4%，Ⅱ、Ⅲ级钢筋的冷拉率不宜大于1%。

（4）钢筋制作加工的形状、尺寸必须符合设计要求。对特殊复杂部位钢筋，加工前应放大样，经复核无误后再进行加工制作，做到尺寸依图纸、操作按规范。

（5）钢筋加工的允许偏差，应符合《混凝土结构工程施工质量验收规范》（GB 50204—2015）的规定。

（6）钢筋成型宜采用机械成型。钢筋成型时应注意以下事项：弯曲成型时，钢筋必须平放，用力应均匀，不得上下摆动，以免钢筋不在同一平面而发生翘曲。成型的钢筋应按不同规格及形状分类、分捆堆放，并应减少翻垛时翘曲变形，钢筋在搬运、堆放时，应轻抬轻放。放置地点应平整，具备防水、防雨淋措施。

（7）钢筋原材、成品、半成品均应分规格型号码放并进行标志。钢筋原材标志内容包括生产厂家、规格、型号、炉批号、数量、进场日期、检测状态、负责人；成品、半成品标志规格、型号、数量、加工日期、使用部位、检验状态、操作、检验人员。

4.1.3　钢筋连接

（1）钢筋连接方式分为机械、焊接和绑扎等连接方式，施工单位根据设计及规范要求并结合工程的实际情况选择连接方式，并必须符合《钢筋机械连接技术规程》（JGJ 107—2016）、《钢筋焊接及验收规程》（JGJ 18—2012）及相关标准的规定。

（2）螺纹套筒均应经过厂家自检合格，并有明显的规格标记；加上防护端盖，严禁套筒内进入杂物。连接套筒进场时应有产品合格证及检测报告等质量证明文件，使用前应做钢筋连接试验、型式检验等检测。连接套筒不能有严重锈蚀、油脂等影响混凝土质量的缺陷和杂物。

（3）钢筋直径大于或等于 25mm 时，宜采用滚轧直螺纹等机械连接。

（4）钢筋直径小于 25mm 时，如采用闪光对焊连接，焊工须有上岗操作证。钢筋焊接施工前，应先进行钢筋试验焊接，合格后方可进行施工焊接。钢筋焊接接头按规范要求做抽样试验，应经过焊接工艺评定，并存放于钢筋加工样板台上。

4.1.4　钢筋绑扎

1）柱钢筋

（1）绑扎前，依据设计的箍筋间距和数量，将箍筋按弯钩错开，要求套在下层伸出搭接筋上，再进行上部柱子钢筋连接。

（2）在立好的柱主筋上用粉笔标出箍筋间距，然后将套好的箍筋向上移置，由上往下用缠扣绑扎。

（3）箍筋应与主筋垂直，箍筋转角与主筋交点均要绑扎，箍筋的平直部分与纵向钢筋交叉点可呈八字扣绑扎，以防骨架歪斜。柱箍筋端头弯成 135°，平直长度不小于 $10d$ 和 75mm 较大值，非抗震不小于 $5d$。

（4）箍筋的接头（即弯钩叠合处）应沿柱竖向交错布置，并位于箍筋与柱角主筋的交接点上，但在有交叉式箍筋的大截面柱，其接头可位于箍筋与任何一根中间主筋的交接点上。

（5）采用绑扎连接的下层柱主筋露出楼面部分，用工具或柱箍将其收进一个柱筋直径，以利上层钢筋的搭接；当上下层柱截面有变化时，下层钢筋的伸出部分，必须在绑扎梁钢筋之前收缩准确，不应在楼面混凝土浇筑后再扳动钢筋。

（6）设计要求箍筋设置拉筋时，拉筋应钩住箍筋。

2）梁钢筋

（1）当采用模内绑扎时，先在主梁模板上按设计图纸划好箍筋的间距，然后按以下次序进行绑扎：将主筋穿好箍筋，按已划好的间距逐个分开→固定弯起筋和主筋→穿次梁弯起筋并套好箍筋→放主梁架立筋、次梁架立筋→隔一定间距将梁底主筋与箍筋绑住→绑架立筋→绑主筋。主次梁同时配合进行。

（2）梁中箍筋应与主筋垂直，箍筋的接头应交错设置，箍筋转角与纵向钢筋的交叉点均应扎牢。

（3）弯起钢筋与负弯矩钢筋位置要正确；梁与柱交接处，梁钢筋锚入柱内长度应符合设计要求。

（4）纵向受力钢筋为双排或三排时，两排钢筋之间应垫以直径 25mm 的短钢筋；

如纵向钢筋直径大于25mm时，短钢筋直径规格宜与纵向钢筋规格相同，以保证设计要求。

(5) 主梁的纵向受力钢筋在同一高度遇有垫梁、边梁（圈梁）时，必须支承在垫梁或边梁受力钢筋之上，主筋两端的搁置长度应保持均匀一致；次梁的纵向受力钢筋应支承在主梁的纵向受力钢筋之上。

(6) 主梁与次梁的上部纵向钢筋相遇处，次梁钢筋应放在主梁钢筋之上。

(7) 主梁钢筋如采取在模外绑扎时，一般先在楼板模板上绑扎，然后用人力（或吊车）抬（吊）入模内。其次序是：将主梁需穿次梁的部位稍抬高→在次梁梁口搁两根横杆→将次梁的长钢筋铺在横杆上，按箍筋间距划线→套箍筋并按线摆开→抽换横杆，将下部纵向钢筋落入箍筋内→按架立钢筋、弯起钢筋、受拉钢筋的顺序与箍筋绑扎→将骨架稍抬起抽出横杆→使梁骨架落入模内。

3) 板钢筋

(1) 绑扎前应修整模板，将模板上的垃圾杂物清扫干净，用粉笔在模板上划好主筋、分布筋的间距。

(2) 按划好的钢筋间距，先排放受力主筋，后放分布筋，预埋件、电线管、预留孔等同时配合安装并固定。

(3) 板与次梁、主梁交叉处，板的钢筋应在上，次梁的钢筋居中，主梁的钢筋在下。

(4) 板绑扎一般用顺扣或八字扣，对两根钢筋的相交点应全部绑扎。板配双层钢筋，两层钢筋之间须设钢筋马凳，以保持上层钢筋的位置正确。

(5) 对板的负弯矩配筋，每个扣均要绑扎，并在主筋下垫砂浆垫块，以防止被踩下。特别对雨篷、挑檐、阳台等悬臂板，要严格控制负筋的位置，防止变形。

4) 楼梯钢筋

(1) 在楼梯支好的底模上，弹上主筋和分布筋的位置线。按设计图纸中主筋和分布筋的排列，先绑扎主筋，后绑扎分布筋，每个交点均应绑扎。如有楼梯梁时，则先绑扎梁，后绑扎板钢筋，板筋要锚固到梁内。

(2) 底板钢筋绑扎完，待踏步模板支好后，再绑扎踏步钢筋。

(3) 主筋接头数量和位置，均应符合设计要求和施工验收规范的规定。

5) 钢筋保护层的控制

(1) 绑扎时按钢筋保护层的厚度，设置保护层垫块绑在主筋上，间距不大于1000mm，其保护层的厚度必须符合设计和规范要求。

(2) 保护层垫块需提前预制，采用高强度等级混凝土或砂浆制作，养护时间不少于7d。

(3) 对于竖向受力钢筋，除采取加设定位箍筋的方式外，可以采用$\phi12$钢筋焊接锯齿形钢筋定位卡置于竖向结构混凝土浇筑面上部以进行钢筋定位，防止钢筋水平向位移，待混凝土浇筑完成并具有一定强度后移除。

(4) 对于现浇板后浇带（施工缝）位置钢筋定位，采取将后浇带模板依据现浇板钢筋间距、保护层厚度打孔或掏成凹槽，将板钢筋固定于预先设置好的孔或凹槽内，以控制该部位钢筋间距和钢筋保护层厚度。

4.1.5 钢筋工程的质量控制

（1）质量管理点的设置：包括钢筋品种和质量；钢筋规格、形状、尺寸、数量、间距；钢筋的锚固长度、搭接长度、接头位置、弯钩朝向；焊接质量；预留洞孔及预埋件规格、数量、尺寸、位置；钢筋位移；钢筋保护层厚度及绑扎质量。

（2）预控措施：应检查出厂质量证明书及试验报告，必须保证材料指标的稳定；加强对施工人员的技术培训，使其熟悉施工规范要求和基本常识；认真执行工艺标准，严格按技术交底要求施工；严格按照图纸和配料单下料和施工，弯钩朝向应正确；施工前应预先弹线，检查基层的上道工序质量，加强工序的自检和交接检查；对使用工具经常检测和调整，并检查焊接操作人员有无上岗证；对倾斜过大的钢筋端头要切除，焊后夹具不宜过早放松，根据钢筋直径选择合适的焊接电流和通电时间；每批钢筋焊完后，按规定取样进行力学试验和检查焊接外观质量。

（3）成品保护措施：设专人看护，严禁踩踏和污染成品，浇筑混凝土时设专人看护和修整钢筋，焊接前配看火人员和灭火设备。

4.2 模板工程

4.2.1 一般规定

（1）模板要选用具有一定刚度和强度要求的钢模板、多层板或竹胶板，钢模板要求板面平整、边角平直、边肋齐全。

（2）木模板不得有脱皮、沾灰现象。所使用木方规格一致，并经过双边刨铣。

（3）模板在安装前需涂刷专用脱模剂。

（4）在计算荷载作用下，对支架结构分别验算其强度、刚度及稳定性。

4.2.2 模板安装

1）独立基础模板制作及安装

（1）模板构造：独立基础由侧板、平撑、斜撑等组成。侧板用长条木板加钉竖向木档，或由短木板加钉横向木档拼制而成。平撑和斜撑钉在木桩（或垫木）与木档之间。

（2）工艺流程：弹线→侧板拼接→涂刷脱膜剂→侧板安装。

（3）独立基础模板安装：先在基槽底弹出基础内边线，再把侧板对准边线垂直竖立，用水平尺校正侧板，顶面水平后，再用斜撑和平撑钉牢。如基础较长，应先安装基础两端模板，校正后，在侧板上口拉通线，依照通线再安装侧板。为防止在浇筑混凝土时模板变形，保证基础宽度，在侧板上口每隔一定距离钉上搭头木。

（4）独立基础模板拆除：先拆搭头木，再拆除斜撑与平撑，最后拆除侧板及端模板。

2）柱模板安装

（1）柱模板安装前应具备条件：柱子钢筋绑扎完毕，各类预埋件已安装，绑好钢筋保护垫块，并已完成隐蔽工程检查记录。

（2）柱模板安装工艺：安装前检查→柱模安装→检查柱模板间距及对角线长度

差→安装柱箍→全面检查校正→整体固定。

（3）模板安装前应先放出模板的位置线及模板控制线，分轴线排尺寸时均从外向里排，在允许范围内把尺寸误差均匀调整在柱网尺寸内。

（4）柱模板应采用竹胶板加木方背棱，使用钢管作为柱箍进行加固，柱箍固定采用对拉螺栓拉结，对拉螺栓端部设蝶形卡扣并用双螺帽固定，其中柱箍间距不宜大于650mm。

（5）模板四面按事先弹设的位置线就位，并调整垂直度，使模板间距、对角线相等。

（6）对模板的轴线位移、垂直偏差、对角线、扭向等全面校正加固。

（7）模板封闭前需将根部清理干净，预留清扫口。

（8）模板安装完毕后，应检验模板的垂直度，柱根部四周用砂浆围堵，避免柱根漏浆，经监理验收合格后方可浇筑混凝土。

3）梁模板安装

（1）梁模安装工艺：弹出梁轴线及水平线并复核→搭设梁模支架→安装梁底棱→安装梁底模板→梁底起拱→绑扎钢筋→安装侧梁模→安装另一侧梁模→安装斜撑棱及腰棱→复核梁模尺寸、位置→与相邻模板连接加固。

（2）先在柱子混凝土上弹出梁的轴线及标高线（梁底标高引测用）。

（3）安装梁模支架之前，首层为素土地面时应平整夯实，在支柱下脚铺设通长脚手板，楼层间的上下支座应在一条垂线上。支柱中间加横杆，底部加扫地杆，立杆加可调丝杠。

（4）在支柱上调整预留梁底模板的厚度，符合设计要求后，拉线安装梁底模板并找直，底模设置清扫口。

（5）在底模上绑扎钢筋，经验收合格后，清除杂物，安装梁侧模板，将两侧模板与底板拼接。安装上下锁口棱及外竖棱，附以斜撑，其间距不宜大于75cm。当梁高超60cm时，需设腰棱加固。侧梁模上口要拉线找直固定。

（6）复核检查梁模尺寸，与相邻柱头模板连接固定。与楼板模板连接时，与板模拼接固定。

（7）模板安装完毕后，应进行全面检查，并办理预检手续，模板支撑系统安装牢固。梁板当跨度≥4m时，模板应起拱，当设计无具体要求时，起拱高度宜为全跨长度的1/1000～3/1000。

4）楼板模板安装

（1）支撑体系采用满堂脚手架，钢管立杆间距、水平横杆步距根据验算确定。距地200mm设扫地杆一道，剪刀撑间距4m左右加固。钢管支撑系统要牢固可靠，并设专人进行检查验收。在楼板模板接缝上表面拼缝处粘铺胶带，弹放钢筋档位线、隔墙板线，保证钢筋及隔墙预埋铁位置正确。

（2）楼板模板主龙骨宜采用100mm×100mm的木方，间距不大于1200mm；次龙骨采用50mm×100mm的木方，间距不大于300mm；模板采用厚度不小于12mm的竹胶板。示意图如图4-1所示。

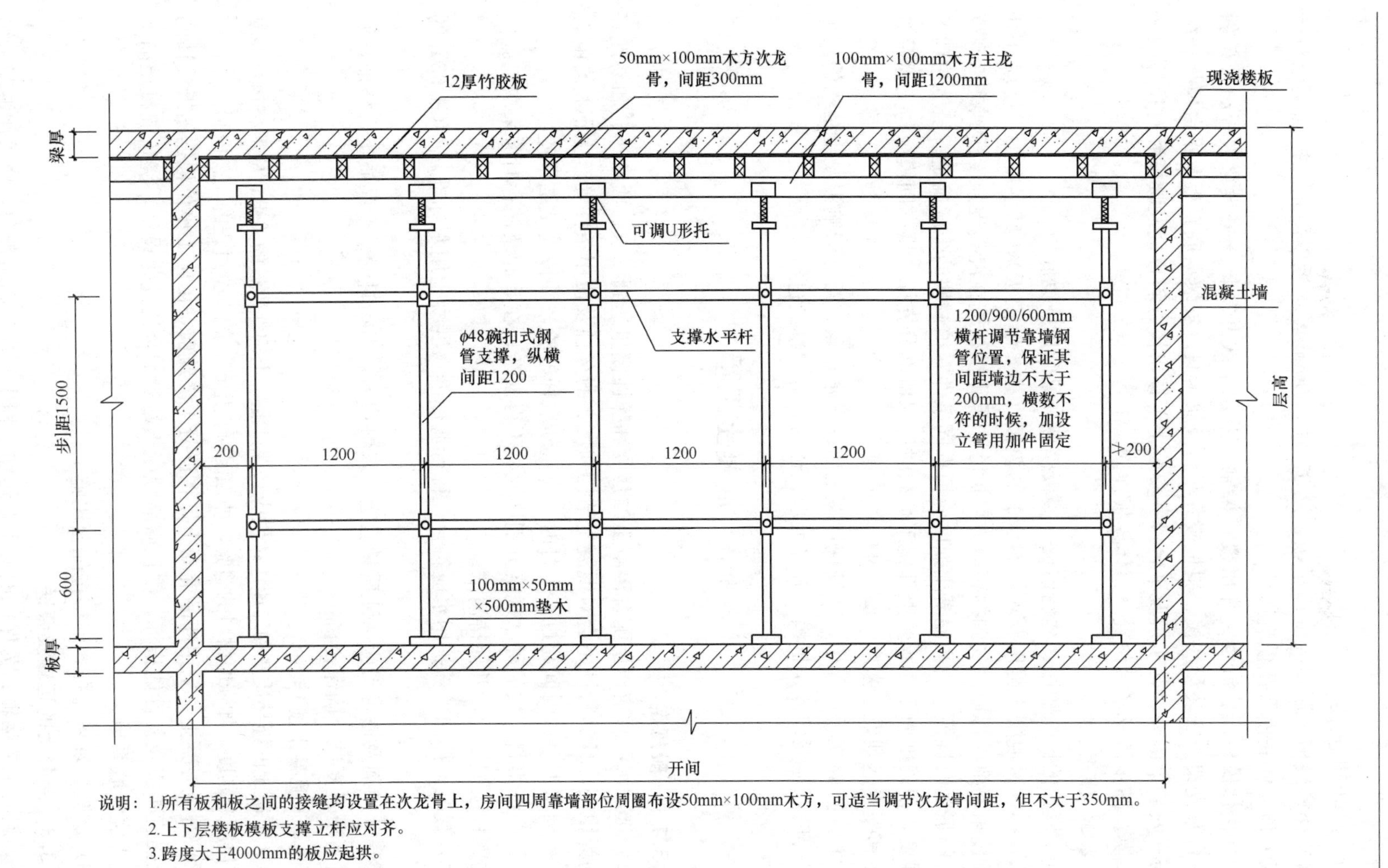

说明：1.所有板和板之间的接缝均设置在次龙骨上，房间四周靠墙部位周圈布设50mm×100mm木方，可适当调节次龙骨间距，但不大于350mm。

2.上下层楼板模板支撑立杆应对齐。

3.跨度大于4000mm的板应起拱。

图 4-1 楼板模板示意图

5）楼梯模板安装

（1）楼梯底模采用18mm厚模板，踏步采用50mm厚木板以防止浇捣混凝土时产生模板上顶力使底模及侧模变形。

（2）楼梯模板安装流程：弹出楼梯梁轴线及水平线并复核→搭设梁模板、楼梯斜板、平台及支架→安装梁底棱、斜板棱、平台及梁卡具→安装梁底斜板及平台模板→绑扎钢筋→安装梁侧模、踏步模及平台模→安装上下锁口棱、斜撑棱及腰棱和对拉螺栓→复核梁模、踏步模及平台位置→整体模板连固。

4.2.3 模板拆除

（1）模板的拆除顺序：柱墙模板→楼板模板→梁侧模→梁底模。

（2）拆模时混凝土强度要求：不承重的模板（柱、墙模板），其混凝土强度应在其表面及棱角不致因拆模而受到损害时方可拆除；承重模板应在混凝土强度达到施工规范所规定的强度时拆模，所指混凝土强度应根据同条件养护试块的强度确定；虽然达到了拆模强度，但强度尚不能承受上部施工荷载时应保留部分支撑；楼梯间模板与支撑及悬挑板在其强度达到设计强度100%时方可拆除。

（3）在拆除模板过程中，如发现混凝土出现异常现象，可能影响混凝土结构的安全和质量等时，应立即停止拆模，并经处理认证后，方可继续进行。

4.3 混凝土工程

4.3.1 一般规定

（1）选用水泥时应以所配置混凝土的强度和弹性模量达到要求、收缩小、和易性好和节约为原则，且其特性不会对混凝土结构强度、耐久性及使用条件等产生不利影响。

（2）当水泥存放时间超过3个月时，应重新取样检验，并按复试结果使用。

（3）粗细集料应按品种、规格分别堆放，不得混杂；在装卸及储存时应采取措施使集料的颗粒级配均匀，并保持清洁。

（4）混凝土拌和、养护用水应符合现行行业标准《混凝土用水标准》（JGJ 63）的规定。

（5）外加剂及掺合料应保证质量稳定、来料均匀，出场时附带产品质量合格证，使用前进行质量复试，确保合格。

4.3.2 混凝土搅拌

（1）混凝土的搅拌质量和匀速连续供应是保证混凝土构件质量的关键，应严格执行混凝土生产供应令制度，加强原材料的检验，加强混凝土生产、施工全过程的动态控制。

（2）对于混凝土，采用商品混凝土，在混凝土浇筑前，由施工单位根据图纸设计的混凝土强度等级及其性能指标，委托商品混凝土站对配合比优化设计，浇筑混凝土前下达混凝土浇筑联系单。

（3）试验员现场监控，严格按配合比施工。

4.3.3 混凝土的运输及泵送

（1）混凝土的运输：为保证混凝土在运输过程中不产生离析现象，应采用混凝土罐车进行运输；保证规定的坍落度和混凝土初凝前有充分的时间进行浇筑和振捣，应准备足够数量的运输罐车。混凝土运输、装卸过程中严禁加水。

（2）混凝土泵送：在混凝土泵送前，先用适量的水湿润泵车的料斗、泵室及管道等与混凝土接触部分，经检查管路无异常后，再用1∶1水泥砂浆进行润滑压送。

4.3.4　混凝土浇筑

1）混凝土浇筑顺序

混凝土浇筑时，先浇筑墙柱混凝土，待墙柱混凝土浇筑至楼面标高后，再浇筑梁板混凝土，墙柱混凝土与梁板混凝土浇筑间隔不得超过混凝土的初凝时间。

2）梁板、柱墙间不同混凝土强度等级的混凝土施工

对于梁板与墙柱混凝土强度等级不同部位的混凝土浇筑，先浇筑墙柱混凝土再浇筑梁板混凝土，当两者强度等级相差一个等级时，在墙柱梁板交界部位可以采用梁板混凝土浇筑；当相差超过2个等级时，在浇筑前采用钢板网隔离，浇筑梁板混凝土时，要优先浇筑接头部位的高强度混凝土，梁板混凝土的浇筑随后跟进。

3）混凝土的振捣

（1）插入式振动器的移位间距应不超过振动器作用半径的1.5倍，与侧模应保持50～100mm的距离，且插入下层混凝土中的深度宜为50～100mm。

（2）表面振动器的移位间距应使振动器平板能覆盖已振实部分不小于100mm。

（3）附着式振动器的布置距离，应根据结构物形状和振动器的性能通过试验确定。

（4）每一振点的振捣延续时间宜为20～30s，以混凝土停止下沉、不出现气泡、表面呈现浮浆为度。

4.3.5　混凝土的养护、保护

为保证已浇的混凝土在规定的龄期内达到设计要求的强度，冬季期间，可在混凝土搅拌时加入防冻剂，应在浇筑完成12h内覆盖薄膜和毛毡布各一层；夏季期间，在混凝土浇筑完成后及时洒水养护，浇水次数应保证混凝土处于湿润的状态。对于竖向构件，刷养护液结合塑料布围护养护。

4.3.6　商品混凝土

（1）施工单位应严格审查商品混凝土供应企业的专项资质和专项实验室资质、生产和管理的各项规章制度及规程、试验设备情况、试验人员资质、生产及调度人员情况、社会信誉等；审查混凝土生产企业的生产能力、运输能力能否满足项目施工进度需要；审查混凝土生产用材料的检验报告。择优选择生产厂家后报监理审批。

（2）在商品混凝土进场使用前，施工单位要对生产配比进行验证，并报监理审批。

（3）在混凝土生产过程中，施工单位应派试验人员到生产现场监督生产过程，审查混凝土原材料及配比的落实及执行情况。

（4）到达施工现场的混凝土必须保持良好的工作性能，对现场检测合格的商品混凝土要求施工单位与商品混凝土公司双方签认生产和发放台账，混凝土进入施工现场后严禁加水及二次运转和搅拌，并不得将超过初凝时间的混凝土用于工程。

5 基础工程

5.1 一般要求

（1）基础土方的开挖应严格按施工图纸要求施工。

（2）施工土方前应根据工程地质和地下水位情况制定排水、降水方案，并配置合理的施工机具。

（3）土方开挖前应了解现场地表建筑物、构筑物以及植物、树木，地下障碍物、地下管线和相关文物情况，并及时联系相关部门安排清除和迁移。

5.2 施工工序

定位放线→土方开挖→地基钎探、验槽及地基处理→基础垫层→基础钢筋→基础模板→基础混凝土。

5.3 施工要点

5.3.1 土方开挖

（1）基坑开挖采用机械开挖时，施工单位可根据现场实际情况选择施工方案。根据现场土质情况，依照规范采用合适的放坡系数。挖出的土石方应堆放在坑壁滑动线以外，减小堆土对坑边的侧压力，保证作业人员的安全。机械开挖至基底标高时，应预留至少 30cm 由人工清挖，保证基底土层不受扰动，防止超挖。超挖后必须按要求回填夯实，不得虚填。

（2）开挖后将坑底清平，进行地基钎探，地基验槽合格后浇筑混凝土垫层。

（3）验槽如局部发现地质不良情况时，应及时通知建设单位、勘察设计单位、监理单位核实并制定处理方案。未经同意，严禁自行处理。

（4）工程需要设桩基础的，要严格按照《建筑桩基技术规范》（JGJ 94—2008）及有关规定执行。

5.3.2 基础钢筋

（1）钢筋加工参照通用技术的要求执行。

（2）独立柱基础钢筋施工采用就位绑扎。钢筋的绑扎必须严格按照规范要求及工程的需要进行，为保证钢筋的几何尺寸及保护层厚度，应在绑扎前依据钢筋间距进行分格、弹线；各交叉点必须逐点绑扎。

（3）钢筋的级别、直径、根数、间距以及受力钢筋绑扎接头的搭接长度、位置必须满足设计及规范要求，绑扎或焊接的钢筋骨架不得有变形、松脱和开焊。

（4）柱插筋采用双排脚手架进行固定，严禁插筋移位，同一轴线柱子应拉通线进行校核。柱插筋锚固长度必须满足设计要求。

5.3.3 基础模板

（1）在已浇筑好的混凝土垫层上用墨线弹好轴线及模板边框线，并用油漆标注以备验收。

（2）按施工图的尺寸及轴线位置拼装基础模板。

（3）用钢管对拼装好的基础模板进行校正加固。

5.3.4 基础混凝土

（1）振捣采用斜向振捣法，振动棒与水平夹角约30°。棒头朝前进方向，插棒间距以400mm为宜，防止漏振，振捣时间以混凝土表面不再冒出气泡为准，混凝土表面应随振随按标高线用木抹子搓平。

（2）初凝后立即派人进行覆盖、淋水养护，以混凝土表面保持湿润状态为宜。

（3）及时做好混凝土试件。

（4）大体积混凝土做好测温检测工作。

5.4 质量控制要点

（1）验槽需核验基槽设计标高及轴线位置、地基土状况及地基钎探锤击数。

（2）监理工程师要做好隐蔽工程的验收工作，需要对全部钢筋的型号、规格、数量、搭接长度、搭接位置、弯钩形状、焊缝的焊接质量情况进行严格检查，必须经检查验收合格后，才能进行下一道工序的施工。

（3）安装完毕的模板必须具有足够的刚度、强度和稳定性，符合设计高程、尺寸。

（4）混凝土浇筑前，施工单位必须向监理单位申报混凝土浇筑申请，经现场监理工程师检查合格签署浇筑令后方可进行混凝土浇筑。

6 主体工程

主体结构工程施工顺序见图 6-1。

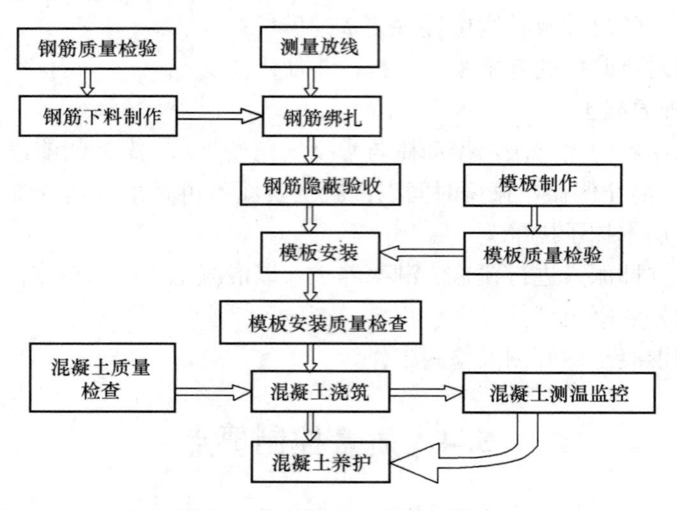

图 6-1　主体结构工程施工顺序

6.1　一般要求

（1）主体工程施工必须符合《混凝土结构工程施工质量验收规范》（GB 50204—2015）和有关标准的规定。

（2）钢筋、水泥等用于主体工程的原材料必须具有出厂质量证明文件、材料试验和检验报告单以证明其质量合格。

（3）模板工程施工前需编制专项施工方案，模板支撑系统必须经过设计计算，并经审查合格后方可实施。

6.2　施工工序

钢筋原材检验→钢筋加工→钢筋连接→钢筋绑扎→模板工程→混凝土浇筑→养护→模板拆除。

6.3　钢筋、模板、混凝土

钢筋、模板、混凝土工程参照第 4 章通用技术及相关规范。

6.4 砌体工程

6.4.1 一般要求

（1）进场砌块的品种、强度等级必须符合设计要求，并应规格一致，砌块龄期应超过28d；产品有出厂合格证及复试报告；砌筑前应提前把砌块润湿。

（2）水泥：宜采用强度等级42.5级普通硅酸盐水泥或矿渣硅酸盐水泥，产品应有出厂合格证及复试报告。

（3）砂：宜用中砂，并通过5mm筛孔，由实验室出具试验报告。

（4）砂浆应按委托实验室提供的配合比进行拌制；根据砌筑量准备好砂浆试模。

6.4.2 加气混凝土砌块砌筑

（1）砌筑用的砂宜用中砂并应过筛，砂的含泥量不能超过3%，不得含有草根等杂物。

（2）砂浆宜随拌随用，水泥砂浆拌成后3h内应使用完毕。

（3）砌体灰缝应横平竖直，砂浆饱满。

（4）加气混凝土块不能与煤矸石砖混砌，墙体煤矸石高度不小于200mm。

（5）施工中不得任意弯折拉结筋。

（6）敷设在加气混凝土块墙上的线管可在加气混凝土墙上开凿凹槽埋设（应避免凿长度大于1m的水平槽），所有加气块每500mm高设2ϕ6.5拉筋。

（7）窗洞口过梁：凡需设置过梁的门窗洞口均按设计荷载等级预制或现浇过梁，梁宽同填充墙厚，断面类型为矩形。

6.4.3 填充墙与混凝土结构交界处理

1）材料及工具

水泥、中砂、膨胀剂、防腐木楔；铁锹、瓦刀、钢尺、电锯。

2）工序

（1）填充墙与混凝土柱、墙间缝隙：基层清理→放线→填充墙砌筑→处理填充墙与混凝土柱、墙间缝隙。

（2）填充墙顶部与梁板间缝隙：基层清理→放线→填充墙砌筑→处理填充墙顶部缝隙。

3）工艺方法

（1）填充墙与混凝土柱、墙间缝隙：将基层清理干净；墙体定位放线，与混凝土柱、墙间预留20～25mm缝隙；填充墙砌体砌筑；待砌体砌筑完成15d后，对该缝隙做柔性处理。可用弹性密封材料或干硬性水泥砂浆将缝隙塞填密实。

（2）填充墙顶部缝隙处理：将基层清理干净；墙体定位放线，砌体顶部预留20～50mm缝隙；填充墙砌体砌筑；待砌体砌筑完成15d后，对顶部缝隙做柔性处理。先用防腐木楔顶紧，间距600mm，位于砌块中心，再用1∶3干硬性水泥砂浆将缝隙塞填密实。

4）控制要点

缝隙宽度预留准确，防腐木楔位置（图6-2），干硬性水泥砂浆（可添加适量的膨胀剂）。

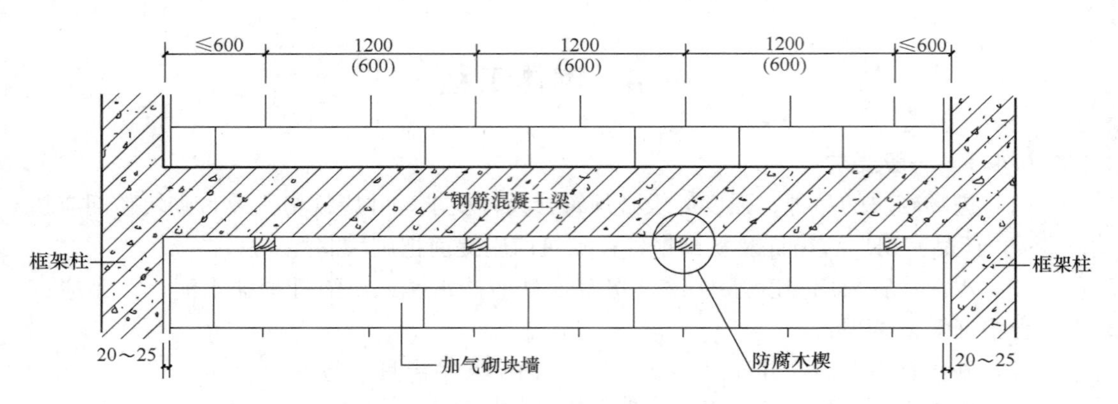

图 6-2　防腐木楔位置示意图（L13J3-3）

5）质量要求

砌体与混凝土结构交接处不产生裂缝。

6）细部做法

细部做法详图及效果图如图 6-3～图 6-5 所示。

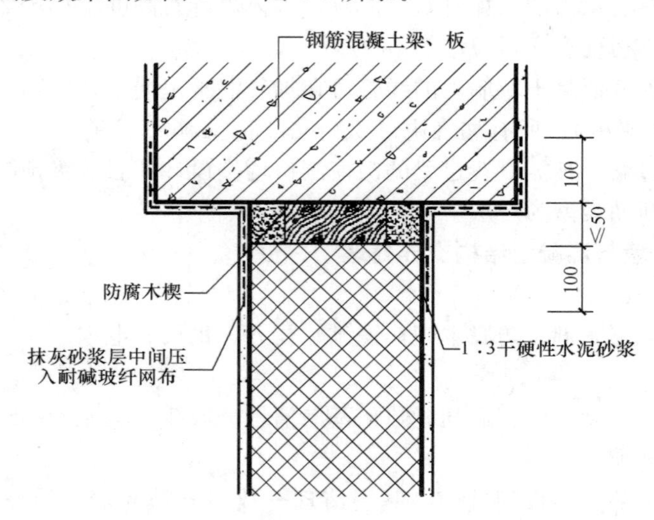

图 6-3　砌体顶部节点细部做法详图

图 6-4　砌体与柱墙缝隙效果图

图 6-5　砌体顶部缝隙效果图

6.4.4 填充墙砌体构造柱

1）工序

墙体放线→确定构造柱位置→构造柱钢筋植筋、绑扎→填充墙砌筑→构造柱模板支设→构造柱混凝土浇筑。

2）工艺方法

（1）墙体放线：根据图纸设计要求及测放的楼层轴线，测放出相应墙体边线、控制线和门窗洞口边线。

（2）确定构造柱位置：填充墙长度超过5m或层高2倍，以及填充墙端部无承重柱、墙构件时，应设置钢筋混凝土构造柱，间距不大于4m；墙长大于8m时，每隔3.0～3.5m设置构造柱；屋面房屋出口处开间范围内女儿墙构造柱间距不大于2m。

（3）构造柱钢筋植筋、绑扎：根据确定的构造柱位置植筋，绑扎钢筋（在植筋胶完全固化后进行）。应注意植筋深度、钻孔清理及钢筋拉拔检测等。

（4）砌块排列砌筑：根据砌筑墙体长度和砌块尺寸，砌块排列砌筑；填充墙与构造柱结合处，宜砌成马牙槎（马牙槎凹凸尺寸60mm，高度240mm，马牙槎应先退后进，对称砌筑）。

（5）构造柱模板支设：模板加固可用步步紧或对拉螺栓（建议使用对拉螺栓，无须砌块钻孔而破坏墙面）；马牙槎部位粘贴海绵条，防止漏浆。

（6）构造柱混凝土浇筑：设计无要求时，混凝土强度等级为C20；构造柱顶与框架梁（板）应预留不小于15mm的缝隙，用硅酮胶或其他弹性密封材料封堵。

3）控制要点

构造柱钢筋植筋、马牙槎留置、拉结筋长度及位置、混凝土强度、构造柱顶部构造。

4）质量要求

（1）构造柱钢筋牢固，搭接长度、箍筋间距及拉结筋满足规范规定。

（2）马牙槎位置准确。

（3）构造柱混凝土强度等级符合设计要求，无漏浆、漏振、蜂窝、孔洞等缺陷，观感质量好。

5）细部做法详图及效果图如图6-6～图6-8所示。

6.4.5 构造柱钢筋植筋技术

1）施工工艺

（1）总体流程：首先按施工图纸画出构造柱和墙体拉筋位置，再进行植筋。《混凝土结构后锚固技术规程》（JGJ 145—2013）的构造要求：植筋距边缘最小距离以及植筋间距不小于5d。

（2）植筋施工顺序：弹线定位→电锤钻孔→洗孔→按比例配、注胶→植筋→固化养护→抗拔试验。

（3）根据设计图的配筋位置及数量，标注出植筋位置。请监理验线，合格后就可钻孔。

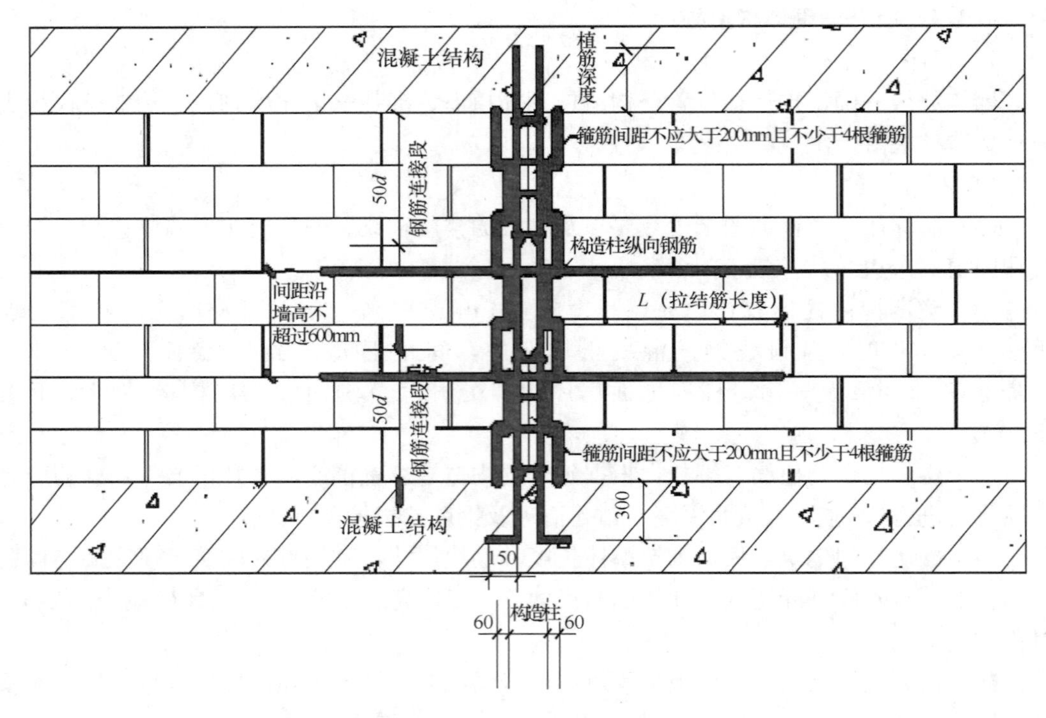

图 6-6　构造柱钢筋与结构、砌体拉结示意图

图 6-7　构造柱效果图

图 6-8　构造柱马牙槎粘贴海绵条

（4）根据设计图纸，确定钢筋位置，在混凝土中用电锤或金刚石钻机打植筋孔，深度 $20d$（d 为钢筋直径），孔径应比钢筋直径大 4～8mm。钻孔时，钻头始终与混凝土结构面保持垂直。若柱子部位梁钢筋较密集，在打孔时可能会碰到主筋，此时应避开钢筋，对于废孔应采用化学锚固胶或高强度等级树脂水泥砂浆填实。

（5）洗孔是植筋中最重要的一个环节，因为孔钻完后内部会有很多灰粉、灰渣，直接影响植筋的质量，一定要把孔内杂物清理干净。

（6）对于钢筋的埋入部分，用角向磨光机除锈。对螺纹钢筋，应打磨除锈，除锈长度为 $20d$。

(7) 植筋胶搅拌均匀；配料时应严格称量，每次配料应尽量少配，并能在15～30min内用完。否则，结构胶初凝后将无法使用。为保证搅拌均匀，搅拌时间应控制在5min以上。

(8) 植筋前，应检查混凝土孔内是否干燥。若孔内潮湿有水分，将严重影响黏结性能。植筋胶配制好后，应尽快填入混凝土孔内。把配好的结构胶先填入孔内约孔深的2/3，然后将钢筋插入孔中，慢慢单向旋入，不可中途逆向反转，直至钢筋伸入孔底。

(9) 钢筋植入后，在下部进行临时支撑固定，固化温度25℃。在强力植筋胶完全固化前不能扰动钢筋。

(10) 施工完毕后24h方可进行现场抗拔试验，试验合格后才可进行下道工序施工。每种规格的钢筋抽取3根做抗拔试验，每组代表批量1000根。

2) 成品保护

钢筋植好后，24h内严禁碰撞、摇动。

3) 质量要求

植筋位置必须准确，钢筋处理、成孔孔径、孔深符合要求，钻孔过程中不得切割原有结构钢筋，被植筋外露部分的长度按设计要求进行控制。

6.4.6 成品保护

(1) 墙体拉结筋、抗震构造柱钢筋、混凝土墙体钢筋及各种预埋件，暖通、电气管线等，均应注意保护，不得任意拆改或损坏。

(2) 砂浆稠度应适宜，砌墙时应防止砂浆溅脏墙面。

(3) 在吊放平台脚手架或安装大模板时，指挥人员和吊车司机要认真指挥和操作，防止碰撞已砌好的砖墙。

(4) 在高车架进料口周围，应用塑料薄膜或木板等遮盖，保持墙面洁净。

6.5 钢结构安装工程

6.5.1 一般要求

(1) 安装前对网架支座轴线与标高进行验线检查，网架轴线、标高位置必须符合设计要求和有关标准规定。

(2) 安装前对支座混凝土强度进行检查，混凝土强度必须符合设计要求和国家现行有关标准的规定后才能安装。

(3) 搭设满堂脚手架，放线布置好各支点位置与标高；并设计布置好临时支点，临时支点的位置、数量经过验算确定。

(4) 临时支点选用千斤顶逐步调整网架高度。

6.5.2 工艺流程

1) 根据现场条件采用合适的安装方案进行安装。

2) 具体要求：

(1) 根据安装球的编号先固定下弦球，找准中心连接下弦杆与另一头水准测量对角尺寸正确后进行点焊。

(2) 安装腹杆时必须先校正上弦杆和下弦杆的位置，后进行焊接。腹杆与上弦球的组合就成为向下四角锥，腹杆与上弦球连接的高强螺栓全部拧紧。腹杆下面连接下弦球进行点焊，主要是为上弦杆的安装起调整作用。

(3) 四根上弦杆组合即成向上四锥体系，上弦杆安装顺序由内向外，根据已装好的腹杆锥体排列，高强螺栓先后拧紧（包括松动的腹杆）。

3) 网架现场施工安装顺序示意图如图 6-9 所示。

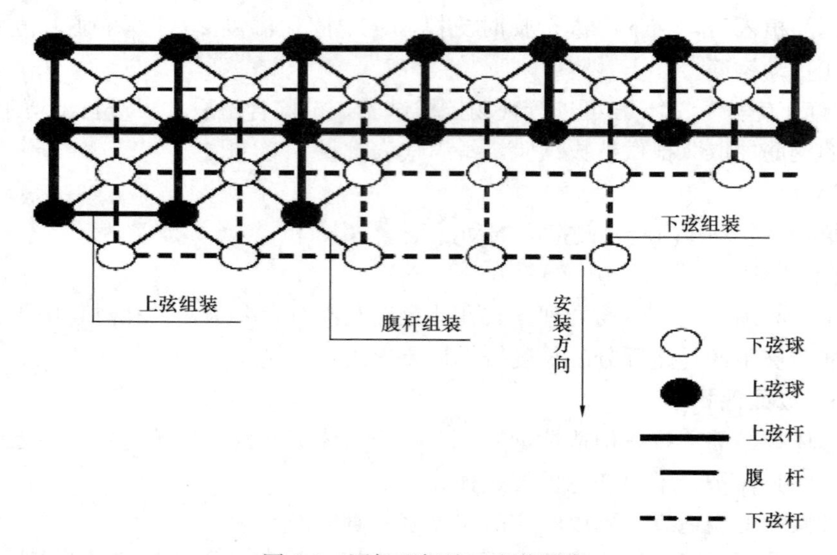

图 6-9 网架现场施工安装顺序

6.5.3 质量要点

(1) 网架构件涂装后，在 4h 之内遇有大风或下雨时，则加以覆盖，防止沾染尘土和水汽，影响涂层的附着力。

(2) 涂层作业气温应在 5～38℃之间为宜，当天气温度低于 5℃时，选用相应的低温涂层材料施涂。

(3) 网架结构制作前，对构件隐蔽部位、结构夹层难以除锈的部位严格控制。

7　装饰装修工程

7.1　一般要求

（1）各种材料按工程进度需要进场。做好保护措施。大面积施工前，先做样板，经监理工程师、建设单位代表等各方检查确认后，方可进行大面积施工。

（2）各装饰分项工程施工前，应编制相应的技术交底，其内容包括：准备工作、操作工艺、质量标准、成品保护等。向施工班组进行技术交底。

（3）主体结构必须经过相关单位（质量监督部门、建设单位、施工单位、监理单位、设计单位、勘察单位）检验合格。

（4）装饰装修前应检查需预埋的接线盒、电箱、管线、管道套管是否固定牢固，位置是否正确。大面积施工前各施工班组应做出样板墙，样板墙完成后必须经检查合格，还要经过建设单位和监理单位共同认定验收，方可组织班组按照样板墙要求施工。

（5）为了保证总体工期要求，在主体工程施工阶段，及时跟进穿插二次结构的施工，并随后开始装饰工程施工。

7.2　室内抹灰工程

7.2.1　施工准备

1）作业条件

（1）主体结构施工完毕经有关部门检验合格。

（2）安装专业的穿墙管、盒、箱等都已经安装并校正完毕。

（3）已经清理墙体表面的灰尘、油污，并洒水湿润。

（4）样板间已经各方确认并办理相关手续。

2）材料要求

普通硅酸盐水泥的规格符合设计要求，有出厂证明和复试报告，水泥应存放在有屋盖和垫有木地板防潮的仓库内，使用前必须经过复试，出场三个月的水泥必须经试验合格后方可使用。中砂使用前过 5mm 孔径的筛子，进场后复试合格，不得有黏土、草根、树叶等杂物；石灰膏采用袋装石灰粉在现场加水泡制，泡制后应细腻洁白。

3）施工机具

搅拌机、手推车、2m 靠尺、抹子、灰桶、脚手架、脚手板等。

7.2.2　施工工序

墙面清理→润湿墙面→基层处理→吊垂直、套方、抹灰饼、冲筋→抹底层砂浆→弹灰层控制线→润湿、刮素水泥膏→抹罩面灰→养护。（注意：不同种材料的交接部位在抹灰之前钉 300mm 宽的钢丝网；混凝土墙面星点凿毛并甩浆，加气混凝土块表面甩浆后淋水养护。）

（1）按基层表面平整垂直情况吊垂直、套方、找规矩，经检查后确定抹灰厚度，但最少不应小于 7mm，灰饼用 1∶3 水泥砂浆抹成 3cm 见方形状。

（2）墙面冲筋：用与抹灰层相同砂浆。冲筋的根数根据房间的宽度和高度决定，筋宽为 3cm。

（3）抹底灰：冲筋结束 2h 后抹底灰，分层装档，找平，用大杠垂直水平刮找一遍，用木抹子搓毛，然后全面检查底子灰是否平整，保证阴阳角方正、管道处灰抹齐、墙与顶板交接处光滑平整，并用托线板检查墙面的垂直与平整情况，抹灰后及时清理散落在地上的砂浆。

（4）修补预留孔洞、电气箱槽盒，用 1∶1∶4 水泥混合砂浆抹光滑、平整。

（5）抹罩面灰：当底灰抹好后，第二天即开始抹罩面灰（如底灰过干要浇水湿润），罩面灰厚度不大于 3mm，两人同时操作，一人薄薄刮一遍，另一人随即抹平，按先上后下顺序进行，再赶光压实，然后用铁抹子压一遍，最后用塑料抹子压光。

（6）做水泥暗护角：水泥护角在打底灰前做，设计无要求时，室内墙面和门窗洞口阳角用 1∶2 水泥砂浆打底与所抹灰饼找平，待砂浆稍干后，再用掺有建筑胶的素水泥浆抹成小圆角，每侧宽度为不小于 5cm，门窗洞口护角做完后，及时清理门框上的水泥浆。

7.2.3 质量要求

1）质量控制

（1）抹灰前基层必须清理干净彻底，并浇水湿润，每层灰不能抹得太厚，跟得太紧，混凝土基层表面酥皮剔除干净，施工后及时浇水养护。

（2）抹完罩面灰后，压光不得跟得太紧，以免压光后多余的水汽化后产生起泡现象。抹罩面灰前底层湿度适中，过干时，罩面灰水分很快会被底灰吸收，压光时容易出现漏压或压光困难，若浇的浮水过多，抹罩面灰后，水浮在灰层表面，压光后容易出现抹纹。

（3）留槎平整，接槎应留置在不显眼的地方，保证所使用的水泥同品种、同批号。

（4）操作时要认真按要求吊垂直，拉线、找平、找方，对上口的处理，应待大面抹完后，及时返尺把上口抹平、压光，取走靠尺后用阳角抿子将阳角抿成小圆。

（5）为保证阴角的顺直，必须用横杠检查底灰是否平整，修整后方可罩面。

2）质量保证

（1）表面光滑、洁净，接槎平整，线角通直清晰规方（毛面纹路均匀）。

（2）孔洞、槽、盒、管道后面的抹灰表面尺寸正确、边缘整齐，表面光滑、管道后面平整。

（3）分格条（缝）宽度均匀一致，条（缝）平直光滑，棱角明显、整齐，横平竖直，通顺平整。

（4）有排水要求的部位应做滴水线（槽），滴水线（槽）应整齐顺直，滴水线应内高外低，滴水槽的宽度和深度均不应小于 10mm。

（5）允许偏差见表7-1。

表7-1 允许偏差表

序号	项目	允许偏差(mm)	检测方法
1	表面平整	4	用2m靠尺和塞尺检查
2	阴阳角方正	4	用2m靠尺和塞尺检查
3	里面垂直	4	用2m靠尺和塞尺检查
4	墙裙勒脚上口直线度	4	拉5m线，不足5m拉通线，用钢直尺检查

7.2.4 成品保护

（1）在施工当中，推小车或搬运模板、脚手钢管、跳板、木材、钢筋等材料时，一定注意不要碰坏口角和划破墙面。抹灰用的大木杠、铁锹、跳板等不要靠墙倚墙放置，以免碰破墙面或将墙面划成道痕。

（2）拆除脚手架和高马凳时，要轻拆轻放，并堆放整齐，以免碰坏墙面和棱角等。

（3）随抹灰随注意保护好墙上电线槽盒、水暖设备预留洞及空调用的穿墙孔洞等，不要随意堵死。

（4）抹灰层在凝结硬化前，应防止快干、水冲、撞击、振动和挤压，以保证灰层不受损坏和足够的强度。

（5）注意保护好楼地面、楼梯踏步和休息平台，不得直接在楼地面上和休息平台上拌和灰浆。从楼梯上下搬运东西时，不得撞击楼梯踏步。

7.3 吊顶工程

7.3.1 施工准备

（1）施工前，首先提出吊顶板品牌、规格及其配件并提供样品，经监理认可后，方可进料。

（2）室内弹好50cm，并根据施工图要求，核定吊顶高度、水平位置，用墨线标注于施工现场处。

（3）吊顶内的各种管线都安装完毕，并做好隐蔽验收。

7.3.2 施工工序

（1）施工工序流程：弹线→划分龙骨分档线→安装吊杆和挂件→安装主龙骨→安装次龙骨→安装罩面板。

（2）弹线：根据设计图纸在吊顶的房间内的墙面上弹出吊顶面板的水平控制标高线；弹出吊顶主龙骨和次龙骨控制线即平面位置控制线及标高线。

（3）安装吊杆和挂件、主龙骨：安装主龙骨时起拱高度为房间短向跨度1‰～3‰。相邻的主龙骨对接头要错开。主龙骨挂好后应调平。

（4）主龙骨与主挂件、次龙骨与主龙骨应紧贴密实且间隙不大于1mm，安装横撑龙骨，水平调正固定后，进行中间质量验收检查，待设备及电气配管安装、全部该做的隐蔽工程完成由监理验收后方可封板。

（5）轻钢龙骨顶棚骨架施工，按规划好的吊点间距施工。主龙骨和次龙骨要求达到平直。吊杆应垂直吊挂，旋紧双面丝扣，墙边的吊杆距主龙骨端部的距离不超过300mm。

（6）封板：石膏板与次龙骨用自攻螺丝固定，纸面石膏板的长边沿纵向次龙骨铺设，如顶棚需要开孔，先在开孔的部分画出开孔的位置，将龙骨加固好，再用钢锯切断龙骨和石膏板，保持稳固牢靠。

7.3.3 质量要求

（1）纸面石膏板应在无应力状态下进行固定，防止出现弯棱、凸鼓现象。

（2）纸面石膏板的长边（即包封边）应沿纵向次龙骨铺设。

（3）石膏板的对接缝，应按产品要求说明进行板缝处理；在顶棚造型等的拐角处，应避免直缝拼接。

（4）纸面石膏板与龙骨固定，应从一块板的中部向板的四边固定，不允许多点同时作业，以免产生内应力，铺设不平。

（5）钉子的埋置深度以螺钉头的表面略埋入板面并不使纸面破坏为宜，钉眼应涂防锈漆，并用石膏腻子抹平。

（6）拌制石膏腻子必须用清洁水和清洁容器。

（7）在安装铺设纸面石膏板过程中，应使用专门的材料与机具，以免影响工程质量。

7.3.4 成品保护

吊顶施工中各工种之间的配合十分重要，避免返工拆装损坏龙骨及板材。吊顶上的风口、灯具、烟感探头、喷淋洒头的吊顶板就位后安装。

7.4 内墙面砖工程

7.4.1 施工准备

（1）面砖的品种、规格、颜色和图案必须符合设计要求，产品合格证书、进场验收记录、性能检测报告和复验报告等资料齐全。

（2）面砖的表面应光洁、方正、平整、质地坚固，其品种、规格、尺寸、色泽、图案应符合设计规定。不得有缺棱、掉角、暗痕和裂纹等缺陷。性能指标符合现行国家标准的规定，内墙面砖的吸水率不得大于10%。

（3）统一弹出墙面上+50cm水平线，大面积施工前应先放样，并做样板墙，确定施工工艺及操作要点，向施工人员做技术交底。样板墙完成经验收合格后，方可组织班组按照样板墙要求施工。

7.4.2 施工工序

基层处理→放线→镶贴瓷砖→擦缝清洁。

7.4.3 质量要求

质量要求见表7-2。

表 7-2　质量要求

序号	控制项目	质量控制点
1	材料要求	墙面砖的品种、规格、图案、颜色和性能应符合要求。墙砖表面不得有裂纹、剥边、斑点、波纹、缺釉等缺陷。在图纸设计要求的基础上，对地砖的色彩、纹理、表面平整等进行严格的挑选
2	基层处理	将尘土、杂物彻底清扫干净，保证无空鼓、开裂及起砂等缺陷
3	弹线控制	施工前在墙体四周弹出标高控制线，在地面弹出十字线，以控制地砖分隔尺寸
4	铺贴	(1) 按照图纸预铺，对于预铺中出现的尺寸、色彩、纹理等误差进行调整，直到最佳效果，按铺贴顺序堆放整齐备用； (2) 铺贴前应将地砖浸水 2h 以上，晾干表面水分。结合砂浆宜选用 1：2 水泥砂浆，砂浆厚度宜为 6～10mm。水泥砂浆应满铺在墙砖背面； (3) 阴阳角处搭接方式、非整砖使用部位应符合设计要求，至少不小于半砖。墙面凸出物周围的墙面砖应用整砖套割吻合整齐； (4) 粘贴时应随时用靠尺检查平整度，随粘随检查，阴阳角处按设计要求拼角，粘贴时要随时擦掉砖缝中流出的粘贴剂，保持砖面整洁
5	清理	墙面砖粘贴完后，当水泥浆凝固后再用棉纱等物对地砖表面进行清理（一般宜在 12h 之后）
6	质量要求	墙面砖粘贴必须牢固；无空鼓、裂缝；墙面砖板材之间缝隙均匀一致、填嵌密实、平直、颜色一致；表面平整度、立面垂直度、阳角方正、接缝平直允许偏差不得大于 2mm

7.5　室内涂料工程

7.5.1　施工准备

涂饰工程施工前，对于有空鼓、裂缝等缺陷的部位先用切割机沿四周划缝，后剔凿清除，剔凿时用扁錾子小心铲除空鼓抹灰层，避免伤及主体结构。将砖墙面的砂浆块及浮灰清理刷洗干净。然后分三遍按设计要求将该部位抹水泥砂浆，接槎处先刷素浆，以利于新老砂浆接合，抹灰表面压实抹光，保持与原抹灰面平。

7.5.2　施工工序

清扫→填补缝隙、局部刮腻子→磨平→第一遍满刮腻子→磨平→第二遍满刮腻子→磨平→打底漆→第一道涂层→复补腻子→磨平→第二道涂层→局部再找平磨平→第三道涂层（面层）。

(1) 第一遍满刮腻子及打磨：当室内涂装面较大的缝隙填补平整后，使用批嵌工具满刮乳胶腻子一遍。所有微小砂眼及收缩裂缝均需满刮，以密实、平整、线角棱边整齐为度。同时，应一刮顺一刮地沿着墙面横刮，尽量刮薄厚度 1～2mm，不得漏刮，接头不得留槎，注意不要沾污门窗及其他物面。腻子干透后，用 1 号砂纸裹着平整小木板，将腻子渣及高低不平处打磨平整。注意用力均匀，保护棱角，磨后用棕扫帚清扫干净。

(2) 第二遍满刮腻子及打磨：第二遍满刮腻子方法同第一遍满刮腻子，但要求此遍腻子与前遍刮抹方向互相垂直，即应沿着墙面竖刮，将墙面进一步刮满及打磨平整流畅、光滑为止。

（3）第一遍涂料：第一遍涂料涂刷前必须将基层表面清扫干净，擦净浮灰。涂刷时宜用排笔，涂刷顺序一般是从上到下、从左到右、先横后竖，先边线、棱角、小面，后大面。阴角处不得有残涂料，阳角处不得裹棱，如墙一次涂刷不能从上到底时，应多层次上下同时作业，互相配合协作，避免接槎、刷涂重叠现象。独立面每遍应用同一批涂料，并一次完成。

（4）复补腻子：第一遍涂料干透后，应普遍检查一遍，如有缺陷应局部复补涂料腻子一遍，并用牛角刮抹，以免损伤涂料漆膜。

（5）磨光：复补腻子干透后，应用细砂纸将涂料面打磨平滑，注意用力应轻而匀，且不得磨穿漆膜，磨后将表面清扫干净。

（6）第二遍涂料刷及其磨光方法与第一遍相同。

（7）第三遍涂料采用喷涂。喷涂时，将墙面所有其他的饰面全部用报纸遮盖严实，以免出现污染。刷浆前应将基层表面上的灰尘、污垢、溅沫和砂浆流痕清除干净。现场配制的涂料，必须掺用粘接剂。涂膜厚度均匀，平整光滑，不流挂、不漏底。

7.5.3 质量要求

内墙面乳胶漆的品种、规格、色彩、光泽度按设计规定，必要时先出样板，经建设单位和监理单位鉴定后方能使用，再进行大面积施工。

7.6 地面铺地板砖工程

（1）在铺地板砖前先将板背面刷干净，铺贴时保持湿润。然后根据水平线、中心线（十字线），预先铺好每一开间标准行后，再进行拉线铺贴。室内地砖砖面层的表面应洁净、图案清晰、色泽一致、接缝平整、深浅一致、周边顺直。板块无裂纹、掉角和缺棱等缺陷。

地板砖铺贴时，不应出现小于半砖宽的条带，只有一排非整砖时，非整砖宜居中铺贴；有两排非整砖时，非整砖宜两边对称铺贴。排砖效果见图 7-1。

（2）铺贴前先将基层浇水湿润，再刷素水泥浆（水灰比为 0.5 左右），水泥浆随刷随铺砂浆，不得有风干现象。

（3）铺干硬性水泥砂浆找平层，虚铺厚度以 20～25mm 为宜，并拍实抹平。

（4）进行预铺时，应对准纵横缝，用木锤着力敲击板中部，振实砂浆至铺设高度后，将地板砖掀起，检查砂浆表面与地板砖底相吻合后，在砂浆表面先用喷壶适量洒水，再均匀撒一层水泥粉，把板块对准铺贴。铺贴时四角要同时着落。再用橡皮锤着力敲击至平正。

图 7-1 排砖效果

（5）铺贴顺序应从里向外逐行挂线铺贴，缝隙宽度不应大于1mm。

(6) 铺贴完成24h后，经检查板块表面无断裂、空鼓后，用稀水泥刷缝填饱满，并随即用干布擦净。

7.7 厨房、厕浴间涂膜防水工程

(1) 防水材料性能必须符合设计要求，产品合格证书、进场验收记录、性能检测报告和复验报告等资料齐全。

(2) 应先做样板，经业主、监理和设计确认后方可大面积施工。

(3) 质量要求：

① 排水坡度、预埋管道的密封符合设计要求。地漏顶应为地面最低处，易于排水。

② 最薄处用20厚1∶3水泥砂浆找平后，做2.0厚聚氨酯防水涂料，30mm厚1∶3干硬性水泥砂浆结合层，墙面防水需涂至土建顶。

③ 基层做防水涂料之前，在凸出地面和墙面的管根、地漏、排水口、阴阳角等易发生渗漏的部位，应做附加层等增补处理。

④ 厨厕间墙面按设计要求及施工规定做防水的部位，墙面基层抹灰要压光，要求平整无空鼓、裂缝、起砂等缺陷。

⑤ 立面涂刷高度要求：除图纸设计要求外，立管涂刷高度为200mm，淋浴间立面高度为1800mm，洗手台面立面高度为1400mm，其他均为300mm。

(4) 施工工艺流程：基层清理→涂刷底胶→细部附加层施工→第一层涂膜→第二层涂膜→蓄水试验→保护层或面层→二次蓄水试验→验收。

(5) 施工工艺要点：

① 基层清理：涂膜防水层施工前，先将基层表面上的灰皮用铲刀清除，将尘土、沙粒等杂物清扫干净，尤其是管根、地漏和排水口等部位要仔细清理。如有油污时，应用钢丝刷和砂纸刷掉。

② 基层表面必须平整，凹陷处用水泥或腻子补平。在墙面弹出标高墨线，根据弹好的墨线做1∶2.5水泥砂浆找平层，墙面及管道根部阴角处做成圆弧形。24h后浇水养护不少于7d，待其干燥后，涂膜防水层施工前，在基层上应涂刷基层处理剂。

③ 细部附加层施工：先用毛刷将管根、阴阳角等滚刷不易刷到的地方涂刷底胶，再用滚刷蘸底胶均匀地涂在基层表面上，涂后应干燥4h以上，手感不黏时，即可做下道工序。

④ 在正式涂刷之前，先对上下水管根部、阴阳角处加纤维布进行涂刷做加强层，待加强层干燥后，应先检查其附加层部位有无残留的气孔或气泡，如有气孔或气泡，则应用橡胶刮板将混合料用力压入再大面积涂刷第一遍，如没有，即可涂刷第一层涂膜。

⑤ 第一层涂膜施工：涂刮第一层聚氨酯涂膜防水材料，可用塑料或橡皮刮板均匀涂刮，力求厚度一致，在1.0mm左右。同层涂膜的先后搭槎宽度宜为30～50mm，施工缝槎应注意保护，搭接缝宽应大于100mm，接涂前应将其缝槎表面处理干净。

⑥ 等第一遍涂层终凝后（一般不小于24h，也不大于72h），再与第一遍涂层垂直方向涂刷第二遍，以后按上述方法进行第三遍、第四遍，确保涂层达到设计厚度。

⑦ 在涂膜厚度达到设计要求并固化后，应做24h蓄水试验，蓄水高度在最高处20～30mm，确认无渗漏时再做防水保护层或面层。饰面层施工完毕，还应在其上继续做第二次24h蓄水试验，达到最终无渗漏和排水畅通为合格，方可进行正式验收。

（6）质量标准：

① 涂膜防水层的基层应牢固，基层表面平整、洁净，不得有空鼓、松动、起砂和脱皮现象，阴阳角处呈圆弧形。

② 聚氨酯底胶、聚氨酯涂膜附加层的涂刷方法、接头应符合设计要求和施工规范的规定，并粘接牢固、紧密，接缝严密，无损伤、空鼓等缺陷。

③ 聚氨酯防水涂膜层应涂刷均匀，保护层与防水层粘接牢固、结合紧密，不得有流淌、起泡、皱皮、露胎体、翘边、脱层、损伤等缺陷。

④ 涂抹防水层平均厚度应符合设计要求。侧墙涂膜防水层的保护层与防水层粘接牢固、结合紧密。

（7）成品保护：

① 操作人员应按作业顺序作业，避免过多在已施工的涂膜层上走动，工人不得穿钉子鞋操作。

② 穿过地面、墙面等处的管根、地漏，应防止碰损、变位。地漏、排水口等处应保持畅通，施工时应采取保护措施。

③ 涂膜防水层未固化前不允许上人作业，干燥固化后应及时做保护层，以防破坏涂膜防水层。

④ 严禁在已做好的防水层上堆放物品，尤其是金属物品。

（8）每做下道工序时必须经监理验收合格后方可施工。

7.8 门窗工程

7.8.1 一般规定

（1）木门窗的品种、规格、开启方向、平整度等应符合国家现行有关标准规定，附件应齐全；铝合金、塑料门窗运输时应竖立排放并固定牢靠，樘与樘间应用软质材料隔开，防止相互磨损及压坏玻璃和五金件。

（2）门窗安装应采用预留洞口的施工方法，不得采用边安装边砌口或先安装后砌口的施工方法。

（3）建筑外门窗的安装必须牢固，在砖砌体上安装门窗严禁用射钉固定。

（4）木门合页安装应为“三拖二”，且全部螺钉面上十字槽宜方向一致。

（5）符合强制性条文《塑料门窗工程技术规程》（JGJ 103—2008）的规定。

（6）门窗工程有下列情况之一时，必须使用安全玻璃：

① 面积大于1.5m² 的窗玻璃；

② 距离可踏面高度900mm以下的窗玻璃；

③ 与水平面夹角不大于75°的倾斜窗，包括天窗、采光顶等在内的顶棚；

④ 7层及7层以上建筑外开窗。

⑤ 安装滑撑时，紧固螺钉必须使用不锈钢材质，并应与框扇增强型钢或内衬局部加强钢板可靠连接。螺钉与框扇连接处应进行防水密封处理。

⑥ 安装门窗、玻璃或擦拭玻璃时，严禁手攀窗框、窗扇、窗梃和窗撑；操作时，应系好安全带，且安全带必须有坚固牢靠的挂点，严禁把安全带挂在窗体上。

⑦ 人员流动性大的公共场所，易于受到人员和物体碰撞的铝合金门窗应采用安全玻璃。

⑧ 建筑外窗的气密性、保温性能、中空玻璃露点、玻璃遮阳系数和可见光透射比应符合设计要求。

7.8.2　成品无框木门安装

1）工艺方法

现场组装门套及贴脸，顶套压侧套，贴脸 45°割角或直角拼缝，贴脸平整与墙面接触紧密，多水房间门套及贴脸距地高度为 3～5mm，端头防腐处理后打密封胶封闭，或门套及贴脸下侧 100mm 左右用耐腐蚀材料如石材装饰；门扇应油漆到位，排气孔畅通。应将选定的门锁、合页提供给厂家，由厂家一次性开孔、剔槽到位，合页距门窗上、下端宜取立梃高度的 1/10，并避开上、下冒头，安装后应开关灵活。门拉手距地面以 0.9～1.05m 为宜，门拉手应里外一致。门锁不宜安装在中冒头与立梃的结合处，以防伤榫。门锁位置一般宜高出地面 0.9～0.95cm。门吸安装应相互吻合；密封条应选用弹性较好的空心密封条，万能胶粘贴、角部 45°拼接。

2）控制要点

合页位置、数量、贴脸安装、密封条割角对缝。

3）质量要求

门扇固定牢靠，开启灵活，无走扇，贴脸平正无变形。

4）常见问题防治

现象：涉水房间门套底部发霉、变黑。

原因：门套被水浸泡、腐蚀。

措施：门套与地面交接处打耐候密封胶。

5）细部做法

细部做法详图及效果图如图 7-2～图 7-5 所示。

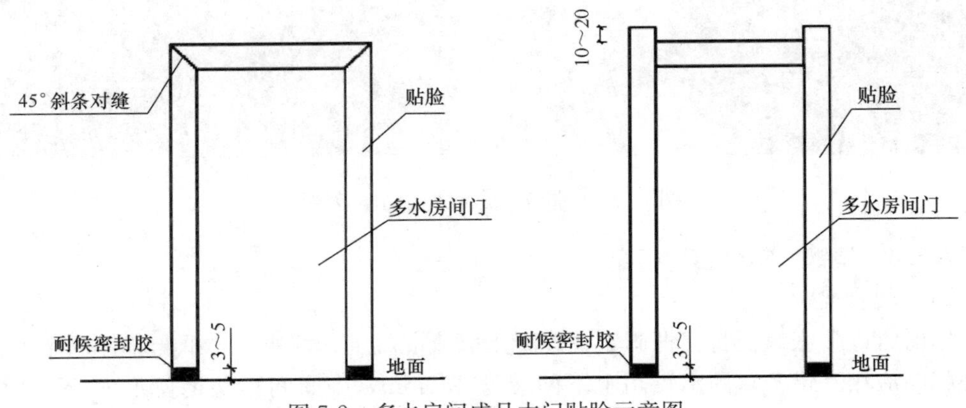

图 7-2　多水房间成品木门贴脸示意图

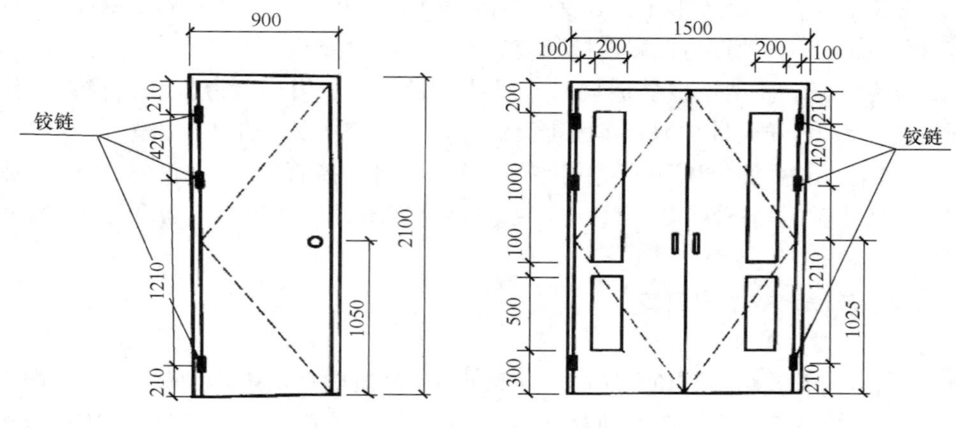

图 7-3　五金安装位置图

图 7-4　五金安装效果图

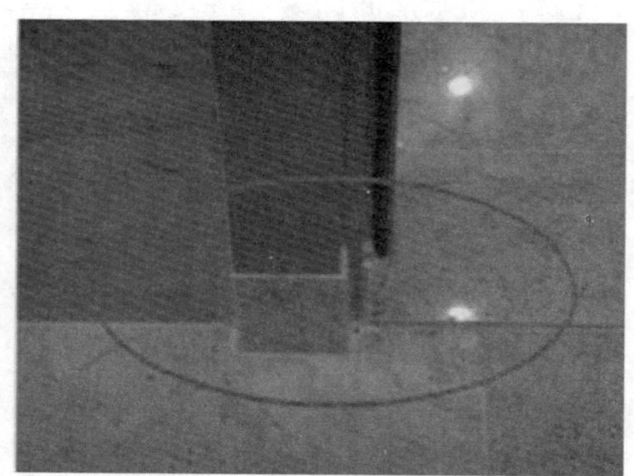

图 7-5　涉水房间成品木门贴脸效果图

7.8.3　塑钢（铝合金）门窗

1）工艺方法

用射钉或膨胀螺栓将窗框固定在混凝土墙或混凝土预埋块上，框与基体固定连接件内外朝向应相互错开，固定点距上下两端为 150mm，中间间距塑钢窗不大于 600mm、铝合金窗不大于500mm，且错开中间横竖框位置；窗框与洞口侧面之间用发泡剂连续填塞密实，砂浆收口抹面时镶嵌三合板条控制胶缝宽窄，缝深5～8mm，确保弹性连接；窗扇顶部防拆卸、底部两侧防碰撞配件应安装到位，泄水孔不少于两处，且不堵塞；玻璃密封胶条在角部应45°割角、点粘，应留有收缩余量；窗扇、纱扇立梃在角部应45°拼接。密封胶应采用耐候密封胶，窗框内外必须打胶，胶面应为45°斜面或凹弧面，直角宽度宜为6～10mm。打胶前缝口两侧要求贴美纹胶带，打胶时每边宜一次成型，若有接槎时用手指蘸肥皂水及时捋平，胶面要求平顺光滑，打完后及时撕去美纹胶带并清理干净。

2）控制要点

打胶、45°拼缝、配件安装、窗框安装牢固。

3）质量要求

窗扇开启灵活，关闭严密，五金及泄水孔到位，打胶平顺。

7.8.4 铝合金窗常见问题

1）现象

铝合金窗渗漏水，多出现在铝合金窗框与洞口墙体间的缝隙，以及铝合金窗下滑道等处，特别是在暴风雨时，在风压作用下，雨水沿铝合金窗的侧面和下面的窗台流入室内。

2）原因分析

（1）铝合金窗支座和安装时，由于本身存在拼接缝隙，成为渗水的通道。

（2）窗框与洞口墙体间的缝隙因填塞不密实，缝外侧未用密封胶封严，在风压作用下，雨水沿缝隙渗入室内。

（3）推拉窗下滑道内侧的挡水板偏低，风吹雨水倒灌。

（4）平开窗搭接不好，在风压作用下雨水倒灌。

（5）窗楣、窗台做法不当，未留鹰嘴、滴水槽和斜坡，因而出现倒坡、爬水。

3）预防措施

（1）在窗楣上做鹰嘴和滴水槽；在窗台上做出向外的流水斜坡，坡度不小于10%。

（2）用发泡剂将铝合金窗框与洞口墙体间的缝隙填塞密实，外面再用优质密封材料封严。

（3）对铝合金窗框的榫接、铆接、滑槽、方槽、螺钉等部位，均应用防水玻璃硅胶密封严实。

（4）将铝合金推拉窗下滑道的低边挡水板改换成高边挡水板的下滑道。

4）治理方法

（1）在使用过程中如发现铝合金窗下雨时渗漏水，可选用优质密封胶将窗框、窗扇的榫接、铆接、滑撑、方槽、螺钉等部位封填严密。

（2）将铝合金窗框与洞口墙体间缝隙的外面用密封胶嵌填、封严。

（3）在铝合金窗框下滑道挡水板上开流水孔，使雨水由孔中排到室外。

7.8.5 塑料窗常见问题

1）现象

塑料窗在使用过程中，当暴风雨时，在风压作用下，雨水沿塑料窗的侧面和窗台流入室内。

2）原因分析

（1）塑料窗支座质量粗糙，接缝不严密，不符合气密性、水密性及抗风压的技术要求。

（2）塑料窗为推拉窗时，有一扇窗露在外面，下雨时推拉槽中灌水，雨水沿下面的接口缝隙处渗入墙内，造成渗漏。

（3）窗框与洞口墙体间的缝隙未按规范要求进行嵌填和密封，雨水沿缝隙渗入室内。

（4）窗台施工时未做出向外的坡度，窗楣未做鹰嘴和滴水槽。

3）防治措施

（1）应选用连接方式合理可靠，支座质量符合标准规定，使用性能符合气密性、水密性及抗风压等技术要求的塑料窗。

（2）塑料窗框与洞口墙体间的连接固定要符合规范要求。缝隙应用弹性材料分层嵌填，外面用密封膏封严，所用密封膏的性能应与塑料具有相容性。

（3）窗台做出不小于10%的向外坡度，窗楣要做鹰嘴和滴水槽。

7.9 建筑外墙装饰

7.9.1 原材料质量控制

为了保证真石漆涂层的整体性和装饰效果，封闭底漆、真石漆中层和罩面涂料应为同一企业生产的产品。

1）封闭底漆

封闭底漆应在水和溶剂挥发后，其中的乳液或树脂渗入基材间隙和毛细孔内，提高基材表面的防水性能，防止基材由于水分迁移而引起泛碱和发花现象，同时增加真石漆主层和基材之间的黏结力。

2）真石漆中层

真石漆的中层为主涂料层，该层由骨料、黏结材料、防开裂树脂、各种功能性助剂和水组成。其骨料应粗细颗粒搭配合理，既要满足装饰效果的要求，又要有利于施工。黏结剂是影响真石漆性能的关键因素之一，它直接影响到真石漆的硬度、黏结强度、耐水、耐候性等多方面的性能。用于真石漆的乳液应满足稳定性好、膜的硬度高、漆膜的膨胀率小等要求，应能从根本上解决真石漆吸水泛白的问题。防开裂树脂应具有良好的硬度和柔韧性，使真石漆具有一定的韧性，以适应胀缩需要，不至于产生胀缩裂缝，提高装饰层的耐久性。各种功能性助剂的选择应满足相应功能和质量的要求。

3）罩面漆

罩面漆应采用无色透明漆，要求其能够增加真石漆涂层的防水性和耐污染性，同时又便于日后清洗。

7.9.2 施工工艺和质量控制

1）施工流程

墙面检查修补清理→喷涂封闭底漆→弹墨线分格→贴交道分隔条→喷第一道真石漆→撕揭第一层胶带→喷第二道真石漆→撕揭第二层胶带→灰缝处理→喷涂罩面漆2道→清理场地。

2）墙面检查修补清理

（1）基层处理施工方法：

① 对基层进行查看，对表面浮粒、残渣进行铲除，确保表面清洁，无疏松物，无潮湿。

② 对表面细微裂缝、砂眼、阳角碰坏细小处进行全方位修复处理。

③ 对于修复处，用粗砂纸打磨，确保修补后纹理和大面积一致，并清理浮灰，以确保饰面层与基层的结合牢固。

④ 工序验收标准：表面无砂浆疙瘩和明显的凹凸部分。

（2）找平：采用防水腻子在抗裂层砂浆上批刮进行找平，腻子必须和抗裂砂浆相互兼容，最好采用同一企业的产品，否则因胀缩不同将会导致真石漆出现大小不一的裂缝。腻子干固后进行打磨，至表面无刮痕、平整为止，并清除浮灰，表面平整度偏差应控制在2mm以内。

3）封闭底漆施工方法

（1）对基层表面处理后，从细部到大面积仔细检查，确认符合要求，检测基层含水率小于15%后，进行基层封墙底漆施工。

（2）基层封底前对门窗、空调支架等金属件部位进行必要的包裹和遮盖，待整体成品后去除，以防止污染和锈蚀。

（3）基层封墙底漆施工前要严格按照产品规定的稀释比例进行稀释。

（4）基层封闭底漆确保无漏底、流挂。

（5）涂刷底漆4～6h后进入下道工序。

4）弹涂分格

根据设计要求对墙面进行分格，分格时从整个单体的四周由上而下同时分格，以保证四周相应的灰缝在同一水平线上，所有竖向灰缝相互平行、铅垂，做到灰缝横平竖直。

5）喷涂真石漆

（1）在分格设计符合要求后方可进行真石漆喷涂施工。

（2）真石漆应严格按产品规定的稀释比例进行稀释。（注意：稀释时应对真石漆充分搅拌，保证均匀。）

（3）喷涂时从上面到下面按顺序施工。

（4）施工中涂料应接在分格线或窗套等处，避免结合处出现色差。

（5）施工后应达到色泽一致，无流挂、漏底，阴角处无积料。

（6）不同真石漆施工时，应先待一种真石漆施工完成并表干后方可进行另一种颜色真石漆施工，施工时需将另一种颜色真石漆进行保护防止污染（真石漆颜色以最终送样后的封样品为准）。

6）撕揭分格胶带

胶带撕揭前，需用裁纸刀将胶带在纵横交接处沿平行于水平胶带的方向将竖向胶带切断，以避免撕揭胶带时真石漆脱落。

7）灰缝处理

胶带撕揭后，对灰缝进行整理和整修，以保证灰缝顺直且宽窄一致。

8）罩面漆

（1）在真石面漆施工完毕后，涂层表面硬干（晴天干燥24h以上，阴雨天应延长干燥时间）才能进行罩面漆喷涂施工。

（2）罩面漆应严格按照产品规定的稀释比例进行稀释。（注意：稀释时应对底漆充分搅拌，保证均匀。）

（3）涂饰施工应从上面到下面按顺序施工。

（4）施工中涂料应接在分格线或窗套等处，避免结合处出现色差。

（5）施工后应达到色泽一致，无流挂、漏底，阴角处无积料。

（6）可采用喷涂、滚涂法施工，要求涂装必须均匀，不得漏涂。

9）质量标准

（1）分割：真石漆按最终设计的图纸效果分块，要求错缝所有真石漆装饰必须完成至阴角/窗边，以体现体块感而非一平面的覆盖效果。

（2）厚度：2～3mm有效覆盖厚度，4.0kg/m^2以上覆盖强度。

（3）骨料：必须为天然彩砂，不能为染色砂。

7.9.3 常见质量问题分析

1）遮盖不均匀

造成的原因为涂料未能搅拌均匀，允许兑水的涂料掺水量过大或涂刷不均匀。

2）发花

造成的原因为基层有泛碱现象，采用劣质水泥制作砂浆，水泥砂浆配比不准或养护期短：真石漆施工时厚薄不匀，真石漆用量过少、过薄、真石漆生产时纤维素比例过大等。

3）喷涂时飞溅

首先可能为真石漆中天然碎石颗粒搭配不合理，真石漆稠度不合理；其次可能为施工原因造成，如喷枪口径太大、喷枪压力选择不当等。

4）黄变

造成的原因主要为真石漆中的乳液有质量问题。一些真石漆厂家采用较差的丙烯酸乳液等作为黏结剂，该乳液经紫外线会造成分解，析出有色物质，最终造成黄变现象。

5）缩孔

原因为基层有油污。涂料中混入油脂类或冒雨施工造成。

6）漆膜太软

主要原因为乳液选择不当，或者乳液含量较低，造成漆膜涂层不够紧密。

7.9.4 施工安全注意事项

（1）外墙真石漆采用吊篮进行施工作业，吊篮安装验收合格后方可进行施工作业。

（2）施工前需对施工作业人员进行安全技术交底，吊篮需专人进行施工操作。

（3）5级以上的大风应停止吊篮作业，停止作业时应将吊篮放于地面，不得悬于空中，防止造成墙体损坏。

（4）项目专门作业班组确定安全生产责任人，所有施工人员必须经过培训合格后持证上岗。

（5）严格执行三级安全教育和安全技术交底制度，未经安全技术交底的施工人员不准上岗作业。

8 屋面及防水工程

8.1 斜瓦屋面

8.1.1 一般规定

（1）平瓦和脊瓦应边缘整齐、表面光洁，不得有分层、裂纹和露砂等缺陷；平瓦的瓦爪与瓦槽的尺寸应配合。

（2）挂瓦应符合下列规定：

① 挂瓦应从两坡的檐口同时对称进行。瓦后爪应与挂瓦条挂牢，并应与邻边、下面两瓦落槽密合；

② 檐口瓦、斜天沟瓦应用镀锌铁丝拴牢在挂瓦条上，每片瓦均应与挂瓦条固定牢固；

③ 整坡瓦面应平整，行列应横平竖直，不得有翘角和张口现象；

④ 正脊和斜脊应铺平挂直，脊瓦搭盖应顺主导风向和流水方向。

（3）烧结瓦、混凝土瓦屋面的瓦头伸入檐沟、天沟内的长度宜为 50～70mm。

（4）瓦片应铺成整齐的行列，并应彼此紧密搭接，应做到瓦榫落槽、瓦脚挂牢、瓦头排齐，且无翘角和张口现象，檐口应成一直线。

（5）脊瓦搭盖间距应均匀，脊瓦与坡面瓦之间的缝隙应用聚合物水泥砂浆填实抹平，屋脊或斜脊应顺直。沿山墙一行瓦宜用聚合物水泥砂浆做出披水线。

8.1.2 施工工序

弹线定位→选瓦→铺瓦→检查验收。

8.1.3 工艺方法

1）选瓦

根据平瓦质量等级要求挑选。凡有砂眼、裂纹、掉角、缺边、少爪等不符合质量要求规定的不准使用，半边瓦用于山檐边、斜沟、斜脊处，其使用部分的表面不得有缺损或裂缝。

2）铺瓦

挂瓦次序从檐口由下到上、自左向右同时进行。檐口瓦要挑出檐口 50～70mm；瓦后爪均应挂在挂瓦条上，与左边、下边两块瓦落槽密合，瓦面、瓦棱平直，瓦沟顺直，整齐美观。檐口瓦用钢钉拴牢在檐口挂瓦条上。当屋面坡度大于 50%或在大风、地震地区，每片瓦均需用钢钉固定于挂瓦条上。檐口瓦应铺成一条直线，天沟处的瓦要根据宽度及斜度弹线锯料。整坡瓦应平整，行列横平竖直，无翘角和张口现象。沿山墙封檐的一行瓦，宜用 1∶2.5 水泥砂浆做出披水线将瓦封固。

8.1.4 质量要求

瓦面平整，行列整齐，搭接紧密，檐口平直。脊瓦应搭盖正确，间距均匀，封固严密，屋脊和斜脊应顺直，无起伏现象。

8.1.5 细部做法

细部做法详图及效果图如图 8-1、图 8-2 所示。

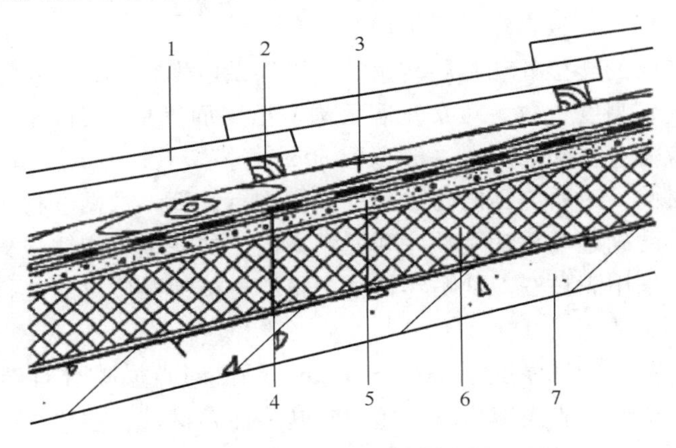

图 8-1 挂瓦坡屋面剖面图

1—瓦材；2—挂瓦条；3—顺水条；4—防水垫层；
5—持钉层；6—保温隔热层；7—屋面板

图 8-2 挂瓦坡屋面效果图

8.2 屋面 SBS 防水工程

(1) 防水材料性能必须符合设计要求，产品合格证书、进场验收记录、性能检测报告和复验报告等资料齐全。

(2) 基层表面必须平整、清洁、坚实、干燥，且不得有起砂、开裂和空鼓等缺陷。

(3) 基层清理完成后做 20mm 厚 1∶2.5 水泥砂浆找平层，并按要求设置分格缝(缝宽一般为 50mm，缝间间距不大于 6m)。每分格施工后，用塑料薄膜进行覆盖，防止水泥砂浆脱水，引起开裂，并淋水养护，分格缝嵌填密封材料。排气道要纵横贯通，不得堵塞，留出排气孔应与大气连通，排气道宽度为 50mm，并附加 250mm 宽卷材，用黏结剂单边粘贴覆盖。

（4）铺贴卷材防水层时，找平层必须干净、干燥，要求含水率在9%以内。简易的检验方法：将1m² 卷材平坦地干铺在找平层上，静置3～4h后掀开检查，找平层覆盖部位与卷材上未见水印即可铺设。

（5）在施工前要认真清扫基层表面上残留的水泥砂浆残渣、灰尘及杂物，然后涂刷底油。底油涂刷应均匀一致，涂刷后干燥8h以上。

（6）将凸出基层的交接处和基层转角处找平层做成半径≥20mm的圆弧形，所做圆弧要求大小、弧度、高度一致。对女儿墙天沟、出屋面管根、烟筒、排气孔及落水口、伸缩缝等部位均应做卷材附加层，一般宽为50cm，搭接8～10cm。

（7）铺贴卷材前，对所施工的防水部位面积进行计算，根据卷材规格进行调整，屋面防水根据屋面坡度确定卷材铺贴顺序和铺贴方向，并在基层弹线找直。

（8）卷材铺贴采用满粘法，铺贴卷材时先将卷材按铺贴位置放正，长边留8cm、短边留10cm用于接槎。

（9）热熔法铺贴的卷材厚度不得小于3mm。铺贴时点燃喷灯对卷材底面及基层表面同时均匀加热，待卷材表面熔化后，随即向前滚铺卷材，并把卷材压实压平，接槎部分以压出熔化沥青为宜，滚压时不要卷入空气和异物，并防止偏斜、起鼓和褶皱。最后用喷灯和铁抹均匀细致地封好接缝，防止翘边。

（10）卷材搭接按以下方法进行

① 卷材搭接：卷材长边搭接宽度≥80mm，短边搭接≥100mm。操作时，先熔去待搭接部位卷材上的防粘层和粒料保护层，同时应熔化接缝两面的黏结胶，然后进行黏合排气，用手持辊压实，并应有明显沥青条。

② 同一层相邻两幅卷材横向搭接边应错开1500mm以上，且上、下两层卷材禁止相互垂直粘贴。

（11）防水材料的品种、标号必须符合设计要求和施工规范的规定。要严格检查产品合格证并进行复测。

（12）女儿墙、檐沟墙、变管道根的连接处及檐口、天沟、水落口等处先做卷材附加层，并应符合规范规定。

（13）基层胶黏剂涂刷要均匀，不露底、不堆积。根据胶黏剂的性能，应控制胶黏剂涂刷与卷材铺贴的间隔时间。铺贴卷材不得褶皱，也不得用力拉伸卷材，并应排除卷材下的空气，辊压粘贴牢固。卷材铺好压粘后，应将搭接部位的结合面清除干净。

（14）屋面与凸出屋面结构的连接处，应使用与卷材配套的接缝专业胶黏剂。铺贴在立墙上的卷材高度应不小于250mm，一般可用叉接法与屋面卷材相互连接，每幅卷材贴好后，应立即将卷材上端固定在墙上，并用压条或垫片钉压固定，钉距500mm，上口用密封材料封固。

（15）排水口防水做法：杯口应牢固地固定在设计位置，与水落口连接的各层卷材附加层应按设计要求贴在杯口上，并用漏斗罩底盘压紧，底盘与卷材间涂黏结材料，压紧的宽度不得小于100mm，底盘周围应用黏结材料封平，并认真处理好水落口与竖管的连接处，防止漏水。

（16）檐口防水做法：将铺贴到檐口端头的卷材裁齐后压入凹槽内，然后将凹槽用密封材料嵌填密实。用压条固定时，钉子应嵌入凹槽内，钉帽及卷材端头用密封材料封严。

（17）檐沟及水落口：檐沟卷材铺贴前，应先对水落口进行密封处理。在水落口杯埋设时，水落口杯与竖管承插口的连接处用密封材料嵌填密实，防止该部位在暴雨时产生倒水现象，水落口周围直径 500mm 范围内用密封材料涂封作为附加层，厚度不少于 2mm。水落口杯与基础接触处留出宽 20mm、深 20mm 的凹槽，嵌填密封材料。

由于檐沟部位流水量较大，防水层经常受雨水冲刷或浸泡，因此在檐沟转角处先用密封材料涂封，每边宽度不少于 30mm，干燥后再增铺一层卷材作为附加层。

檐沟铺贴卷材应从沟底开始，顺檐沟从水落口向分水岭方向铺贴，边铺边用刮板从沟底中心向两侧刮压，赶出气泡使卷材铺贴平整，粘贴密实。

铺至水落口的各层卷材和附加层，均应粘贴在杯口上，用雨水罩的底盘将其压紧，底盘与卷材间应满涂黏结材料予以粘贴，底盘周围用密封材料填封。水落口处卷材裁剪方法见图 8-3。

（18）泛水与卷材收头：泛水由于处于屋面转角与立墙部位，结构变形大，容易受太阳曝晒，因此为了增强接头部位防水层的耐久性，应在该部位加铺卷材。泛水部位卷材铺贴前，应先进行试铺，将立面卷材长度留足，先铺贴平面卷材至转角处，然后从下向上铺贴立面卷材。如先铺立面卷材，由于卷材自重作用，立面卷材张拉过紧，使用过程易产生翘边、空鼓、脱落等现象。泛水做法如图 8-4 所示。

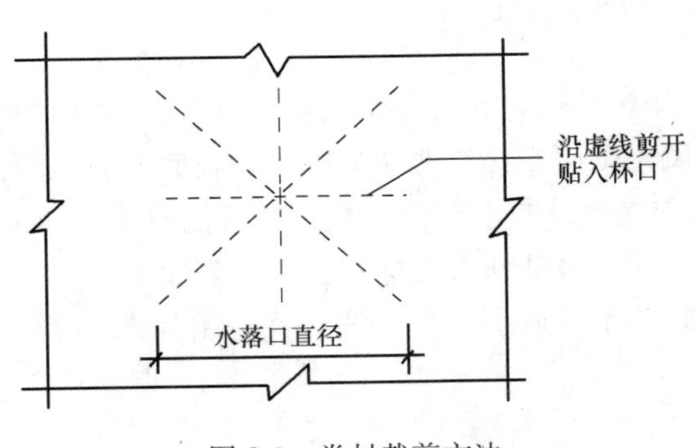

图 8-3　卷材裁剪方法

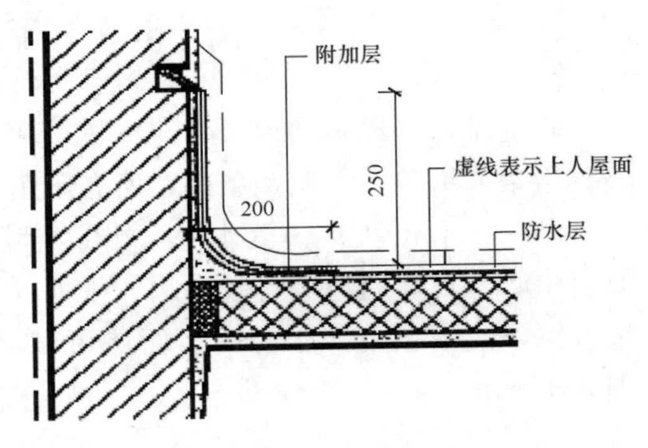

图 8-4　泛水做法

卷材铺贴完成后，将端头裁齐。女儿墙上留出凹槽，将端头全部压入凹槽内，用压条钉压平服，再用密封材料封严，最后用水泥砂浆抹封凹槽。

（19）排气洞与伸出屋面管道：排气洞与屋面交角处卷材的铺贴方法和立墙与屋面转角处相似，但应加铺两层附加层。防水层铺贴后，上端用沥青麻丝或细铁丝扎紧，最后用密封材料密封。附加层卷材裁剪方法见水落口做法。

（20）阴阳角：阴阳角处的基层涂胶后用密封膏涂封距角每边 100mm，再铺一层卷材附加层。附加层卷材裁剪成图 8-5 所示形状，阴角处应全粘实铺，阳角处可采用空铺，铺贴后剪缝处用密封膏封固。

（21）防水铺设完成后，检查屋面有无渗漏、积水，排水系统是否畅通，应在雨后或持续淋水 2h 后进行。有可能做蓄水检验的屋面，其蓄水时间不应少于 24h。待做好隐蔽工程验收后方可进行下道工序。

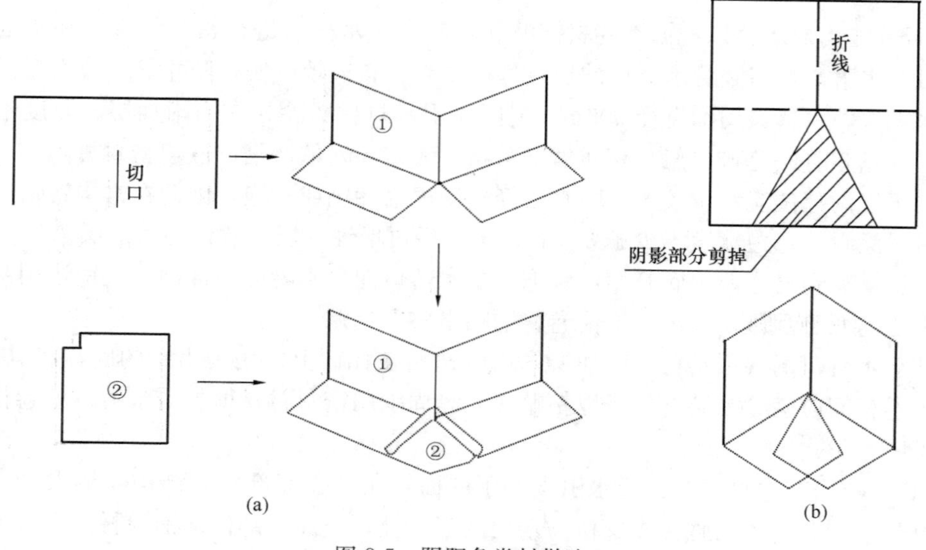

图 8-5 阴阳角卷材做法

(a) 阳角做法；(b) 阴角做法

8.3 排烟（风）道

确定排烟（风）通道尺寸、立面高度宜为 0.8～1.0m，顶面坡度为 10%。顶面应嵌分格条或铜条，选用铜条时，所有阳角及风帽顶面交接线均应镶嵌。顶板底面四周距外沿 20～30mm 处应设滴水槽，端部与墙面连接处设断水。铝合金百叶应居排烟（风）通道中心，百叶周边应打胶封闭。排烟（风）通道内部抹灰应抹压密实，表面平整，分格或铜条清晰顺直，必要时，面层可刷涂料饰面。细部做法详图及效果图如图 8-6～图 8-8 所示。

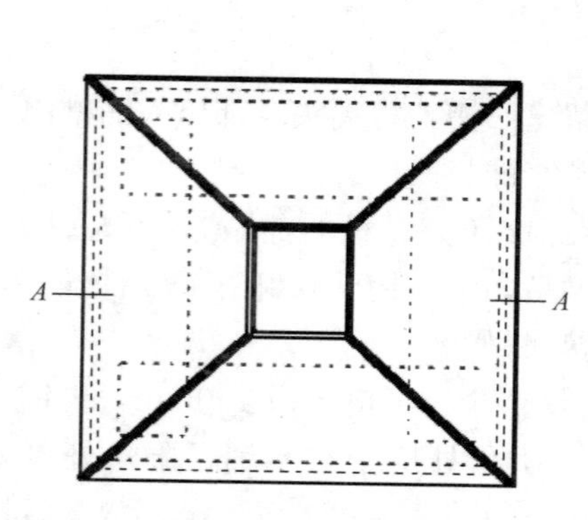

图 8-6 砂浆或涂饰面层排烟风道平面图

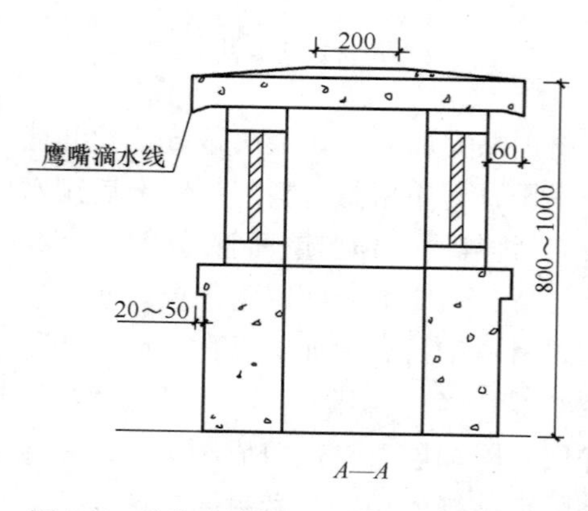

图 8-7 砂浆或涂饰面层排烟风道剖面图

图 8-8 排烟风道效果图

8.4 屋面排气孔

8.4.1 一般规定

（1）找平层设置的分格缝可兼作排气道，排气道的宽度宜为 40mm。

（2）排气道应纵横贯通，并应与大气连通的排气孔相通，排气孔高度不得低于 300mm，排气孔可设在檐口下或纵横排气道的交叉处。

（3）排气道纵横间距宜为 6m，屋面面积每 $36m^2$ 宜设置一个排气孔。排气孔应做防水处理，排气管口高度应高于 300mm（当地积雪厚度）。

8.4.2 暗设排气管

1）工艺方法

将埋设于屋面分格处保温层内的 PVC 引气管直接引至女儿墙、排烟（风）道侧面，排气孔应设于分格缝中间，距屋面高度应大于 350mm，且高于屋脊 50mm。排气孔形式有地漏面板和地插盒两种。不锈钢标志牌与不锈钢地漏面板配合设置，地插面板直接在面板上标志，用水泥砂浆或黏合剂固定于墙面，地插面板开口应向下，面板周边与墙面面层应结合严密，用耐候密封胶封闭，胶缝宽度不大于 6mm。

2）控制要点

位置、密封、地插面板朝向及标志。

3）质量要求

安装牢固，排气通畅，打胶平滑。

4）细部做法

细部做法详图及效果图如图 8-9～图 8-11 所示。

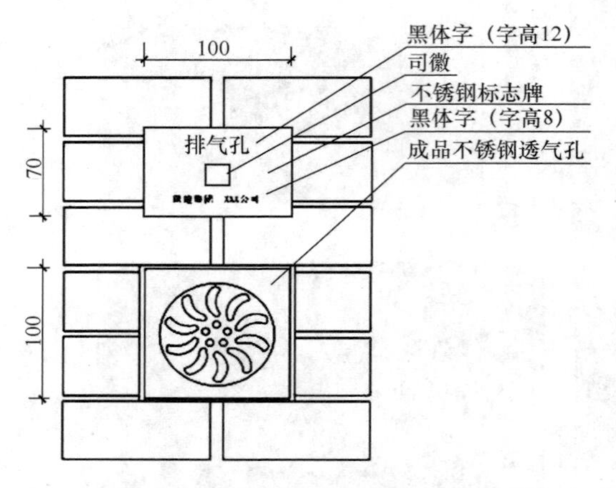

图 8-9　暗设排气孔及标志示意图

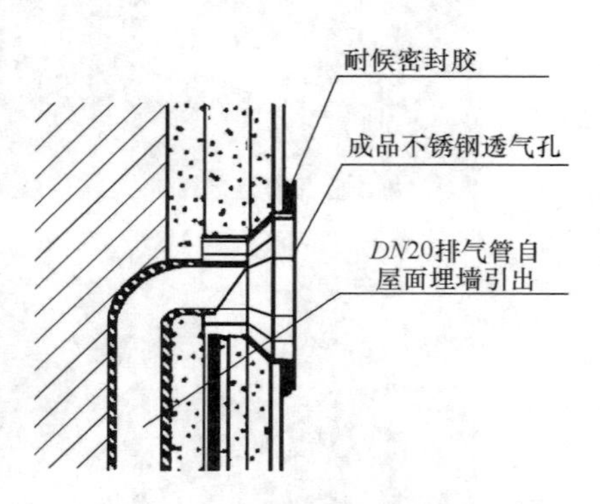

图 8-10　暗设排气孔剖面示意图

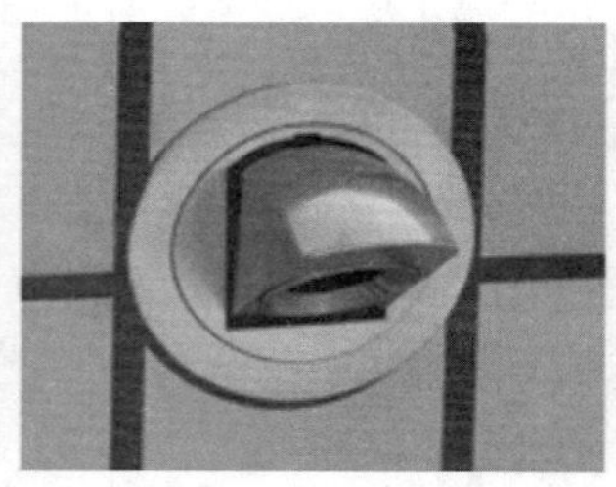

图 8-11　暗埋排气孔效果图

8.4.3　明设排气孔

1）工艺方法

根据屋面排板在分格缝保温层内设置排气管（道），宜采用埋设 PVC 管打孔排气的方式，屋脊及分格缝纵横交叉处应设置排气孔，排气孔采用不锈钢引气管生根于找平层上，埋设管壁周边应打孔确保排气通畅。排气管道防水收头应用卡箍固定牢固、收头严密，圆形或多边形护墩保护，护墩与排气管及屋面结合处采用耐候胶封闭，胶缝宽度 10mm。

2）控制要点

排气孔布设、管根防水及密封、打胶。

3）质量要求

排气孔应成行成线且居分格缝中心，高度一致，打胶平滑、宽窄一致。

4）细部做法

细部做法详图及效果图如图 8-12、图 8-13 所示。

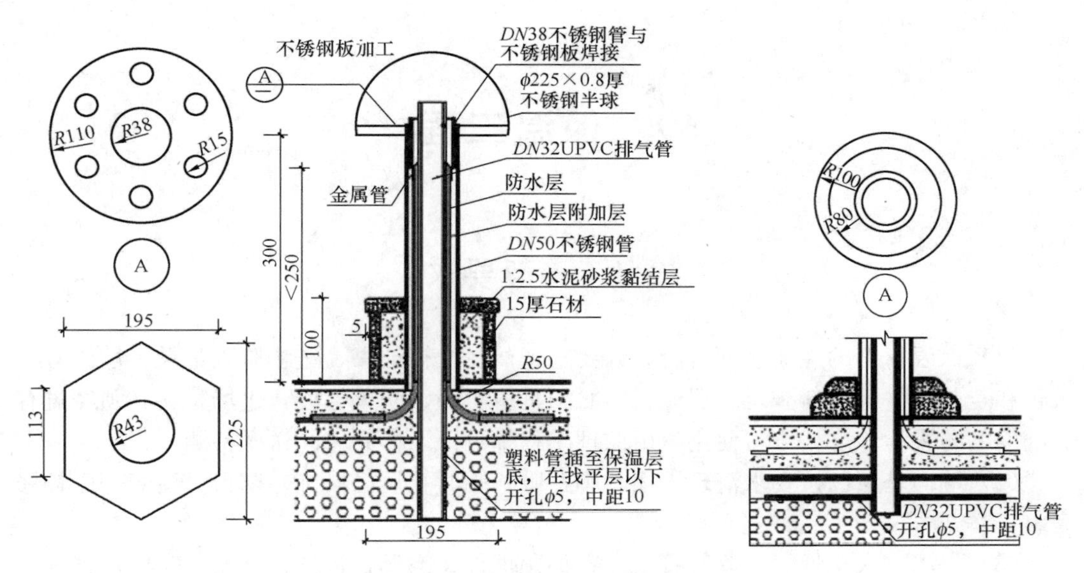

图 8-12　明设排气孔及护墩剖面示意图

图 8-13　明设排气孔及护墩效果图

9 保温工程

9.1 一般要求

（1）保温材料的性能必须符合设计要求，产品合格证书、进场验收记录、性能检测报告和复验报告等资料齐全。保温材料必须具备阻燃、防火性能，进场材料必须经过有关部门的防火检验合格方可使用。由监理工程师见证取样并一同送样检测。

（2）墙面基层已按要求清理干净，脚手眼、临时孔洞已堵好，窗台、窗套等已补修完整。

（3）外墙上人爬梯、水落管管卡、各类预埋件、空调板栏杆等已安装完毕，并预留出外保温层及饰面层厚度。

9.2 施工工序

基层清理→刷专用界面剂→配专用聚合物黏结砂浆→预粘板边翻包网格布→粘贴保温板→钻孔安装固定件→保温板打磨、找平、清洁→中间验收→拌制面层聚合物砂浆→刷一遍专用界面剂→抹底层聚合物砂浆→粘贴网格布→抹面层聚合物抗裂砂浆→分格缝内填塞内衬、封密封胶→验收。

9.3 施工要点

9.3.1 施工准备

（1）配制砂浆：施工使用的砂浆分为专用黏结砂浆及面层聚合物抗裂砂浆。施工时用手持式电动搅拌机搅拌，拌制的黏结砂浆质量比为水：砂浆＝1：5，边加水边搅拌；搅拌时间不少于5min，搅拌必须充分、均匀，稠度适中，并有一定黏度。砂浆调制完毕后，须静置5min，使用前再次进行搅拌，拌制好的砂浆应在1h内用完。

（2）刷专用界面剂一道，为增强保温板与黏结砂浆的结合力，在粘贴保温板前，在保温板粘贴面薄薄涂刷一道专用界面剂；待界面剂晾干后方可涂抹聚合物黏结砂浆进行墙面粘贴施工。

9.3.2 粘贴保温板

（1）施工前，根据建筑物外墙立面的设计尺寸编制保温板排板图，以达到节约材料、加快施工速度的目的。保温板以长向水平铺贴，保证连续结合，上下两排板须竖向错缝1/2板长，局部最小错缝不得小于200mm。

（2）保温板的粘贴应从细部节点（如飘窗、阳台、挑檐）及阴、阳角部位开始向中间进行。施工时要求在建筑物外墙所有阴阳角部位沿全高挂通线控制其顺直度（保温施工时控制阴阳角的顺直度而非垂直度），并要求事先用墨斗弹好底边水平线及 100mm 控制线，以确保水平铺贴，在区段内的铺贴由下向上进行。

（3）粘贴保温板时，板缝应挤紧，相邻板应齐平，施工时控制板间缝隙不得大于 2mm，板间高差不得大于 1.5mm。当板间缝隙大于 2mm 时，须用保温板条将缝塞满，板条不得用砂浆或胶黏剂黏结；板间平整度高差大于 1.5mm 的部位应在施工面层前用木锉、粗砂纸或砂轮打磨平整。

（4）按照事先排好的尺寸切割保温板（用电热丝切割器），从拐角处垂直错缝连接，要求拐角处沿建筑物全高顺直、完整。

（5）上抹 8 个 10mm 厚 ϕ100 的圆形聚合物黏结砂浆灰饼。

（6）用条点法涂好聚合物砂浆的保温板后必须立即粘贴在墙面上，速度要快，以防止黏结砂浆表面结皮而失去黏结作用，如图 9-1 所示。

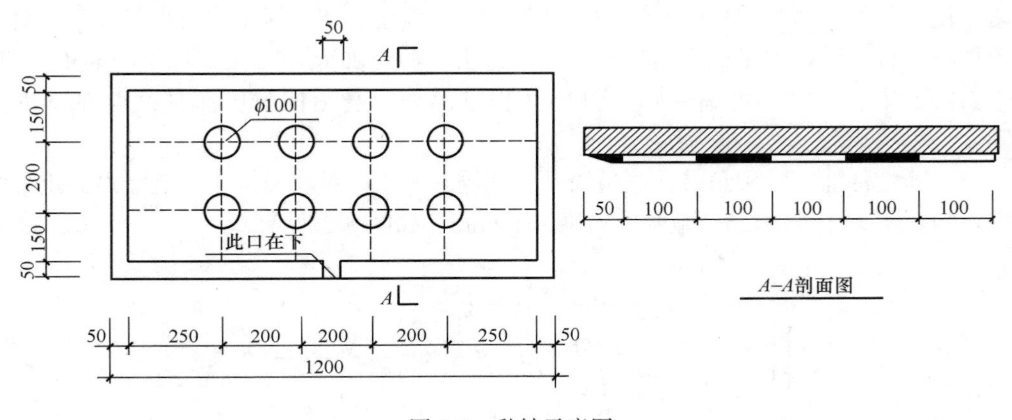

图 9-1　黏结示意图

（7）当采用条点法涂抹聚合物黏结砂浆时，粘贴时不允许采用使板左右、上下错动的方式调整预粘贴板与已贴板间的平整度，而应采用橡胶锤敲击调整，目的是防止由于保温板左右错动而导致聚合物黏结砂浆溢进板与板间的缝隙内。

（8）保温板按照上述要求贴墙后，用 2m 靠尺反复压平，保证其平整度和黏结牢固，板与板间要挤紧，不得有缝，板缝间不得有黏结砂浆，否则该部位则形成冷桥。每贴完一块，要及时清除板四周挤出的聚合物砂浆；若因保温板切割不直形成缝隙，要用木锉锉直后再张贴。

（9）保温板与基层黏结砂浆在铺贴压实后，砂浆的覆盖面积应不小于板面的 50%。

（10）网格布翻包：从拐角处开始粘贴大块保温板后，遇到阳台、窗洞口、挑檐等部位需进行耐碱玻纤网格布翻包，即在基层墙体上用聚合物黏结砂浆预贴网格布，翻包部分在基层上黏结宽度不小于 80mm，且翻包网格布本身不得出现搭接。

（11）在门窗洞口部位的保温板，不允许用碎板拼凑，需用整幅板切割，其切割边缘必须顺直、平整、尺寸方正，其他接缝距洞口四边应大于 200mm。

（12）留通槽，在外窗主框安装完成并验收后由外窗施工单位在槽内打发泡剂、塞聚乙烯泡沫塑料棒及打耐火密封胶。为防止保温面层施工时槽内挤入面层聚合物砂浆，要求在槽内放置与槽相同宽度的保温板条，槽内打胶时再行取出；同时应注意保温板表面与钢附框边线平行及槽宽均匀一致。

(13) 在窗洞口位置的板块之间搭接留缝要考虑防水问题，在窗台部位要求水平粘贴板压立面板，即避免迎水面出现竖缝；但在窗户上口，要求立面板压住横板。

(14) 在遇到脚手架连墙件等凸出墙面且以后拆除的部位，按照整幅板预留，最后随拆除随进行收尾施工。

9.3.3 安装固定件

(1) 保温板黏结牢固后，应在8～24h内安装固定件，按照方案要求的位置用冲击钻钻孔，要求钻孔深度进入基层墙体内50mm（有抹灰层时，不包括抹灰层厚度）。

(2) 固定件个数按照要求放置（横向位置居中、竖向位置均分），任何面积大于$0.1m^2$的单块板必须加固定件，且每块板固定件数量不少于4个。操作时，自攻螺栓需拧紧，使用根部带切割刀片的冲击钻，切割刀片的大小、切入深度与钉帽相一致，将工程塑料膨胀钉的钉帽拧得比保温板边表面略进去一些。如此才可保证保温板表面平整，利于面层施工；同时方可确保膨胀钉尾部膨胀部分因受力回拧膨胀使之与基体充分挤紧。

(3) 固定件加密：阳角、孔洞边缘及窗四周在水平、垂直方向2m范围内固定件需加密，间距不大于300mm，距基层边缘为60mm，如图9-2所示。

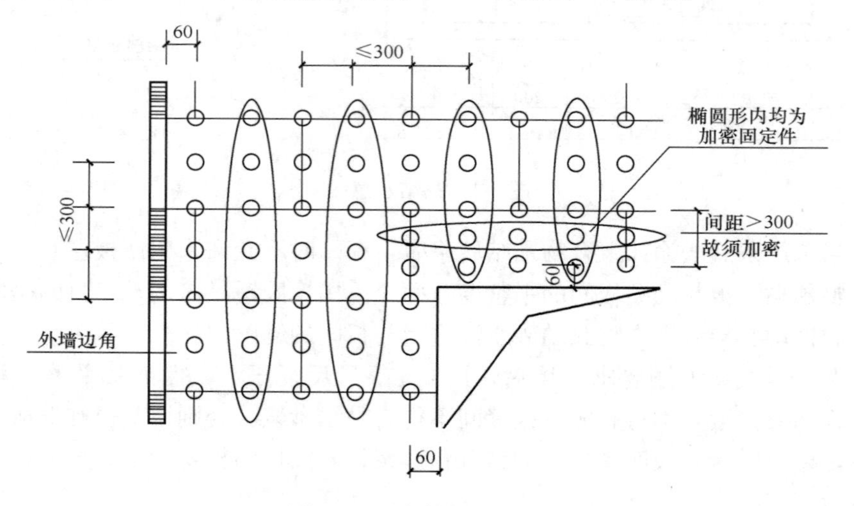

图9-2 固定件加密示意图

9.3.4 打磨

保温板接缝处表面不平时，需用衬有木方的粗砂纸打磨。打磨动作要求：呈圆周方向轻柔旋转，不允许沿着与保温板接缝平行方向打磨。打磨后用刷子清除保温板表面的泡沫碎屑。

9.3.5 涂刷专用界面剂

(1) 保温板粘贴及胀钉施工完毕经施工、监理验收合格后，在膨胀钉帽及周圈

50mm 范围内用毛刷均匀地涂刷一遍专用界面剂。待界面剂晾干后，用面层聚合物砂浆对钉帽部位进行找平。要求塑料胀钉钉帽位置用聚合物砂浆找平后的表面与大面保温板平整。

(2) 待塑料胀钉钉帽位置聚合物砂浆干燥后，用辊子在保温板板面均匀地滚涂一遍专用界面剂。

9.3.6 抹第一遍面层聚合物抗裂砂浆

(1) 在确定保温板表面界面剂晾干后进行第一遍面层聚合物砂浆施工。用抹子将聚合物砂浆均匀地抹在保温板上，厚度控制在 1～2mm 之间，不得漏抹。

(2) 第一遍面层聚合物砂浆在滴水槽凹槽处抹至滴水槽槽口边即可，槽内暂不抹聚合物砂浆。

(3) 伸缩缝内保温板端部及窗口保温板通槽侧壁位置要抹聚合物砂浆，以粘贴翻包网格布。

9.3.7 埋贴网格布

(1) 用抹子将网格布由中间开始水平预先抹出一段距离，然后向上、向下将网格布抹平，使其紧贴底层聚合物砂浆。

(2) 门窗洞口内侧周边及洞口四角均加一层网格布进行加强，洞口四周网格布尺寸为 300mm×200mm，大墙面粘贴的网格布搭接在门窗口周边的加强网格布上，一同埋贴在底层聚合物砂浆内。

(3) 将大面网格布沿长度、水平方向绷直绷平。注意将网格布弯曲的一面朝里放置，开始大面积埋贴，网格布左右搭接宽度不小于 100mm，上下搭接宽度不小于 80mm，不得使网格布褶皱、空鼓、翘边。

(4) 在伸缩缝处，需进行网格布翻包，网格布预粘在墙面上的尺寸为 80mm，用网格布和黏结砂浆将保温板端头包住，此处允许保温板端边处抹黏结砂浆，大墙面粘贴的网格布盖在搭接的网格布上，一同埋贴在底层聚合物抗裂砂浆上。

(5) 在墙身阴、阳角处必须从两边墙身埋贴的网格布双向绕角且相互搭接，各面搭接宽度为不小于 200mm。

9.3.8 抹面层聚合物抗裂砂浆

(1) 抹完底层聚合物砂浆并压入网格布后，待砂浆凝固至表面基本干燥、不黏手时，开始抹面层聚合物砂浆，抹面厚度以盖住网格布且不出现网格布痕迹为准，同时控制面层聚合物抗裂砂浆总厚度在 3～5mm 之间。

(2) 滴水槽做法：先将网格布压入槽内，随即在槽内抹数量足够的聚合物砂浆，然后将塑料成品滴水槽压入保温板槽内。塑料成品滴水槽塞入深度应综合考虑完活后面层高度，这样才能保证成品滴水槽与面层聚合物抗裂砂浆高度一致，确保观感质量。保温板槽内砂浆必须填塞密实并确保安装滴水槽时槽内聚合物黏结砂浆沿槽均匀溢出。

(3) 滴水槽凹槽处，须沿凹槽将网格布埋入底层聚合物砂浆内，若网格布在此处断开，必须搭接，搭接宽度不小于 65mm（注意：滴水槽凹槽处需附加一层网格布，网格布搭接 80mm）。网格布细部做法如图 9-3 所示。

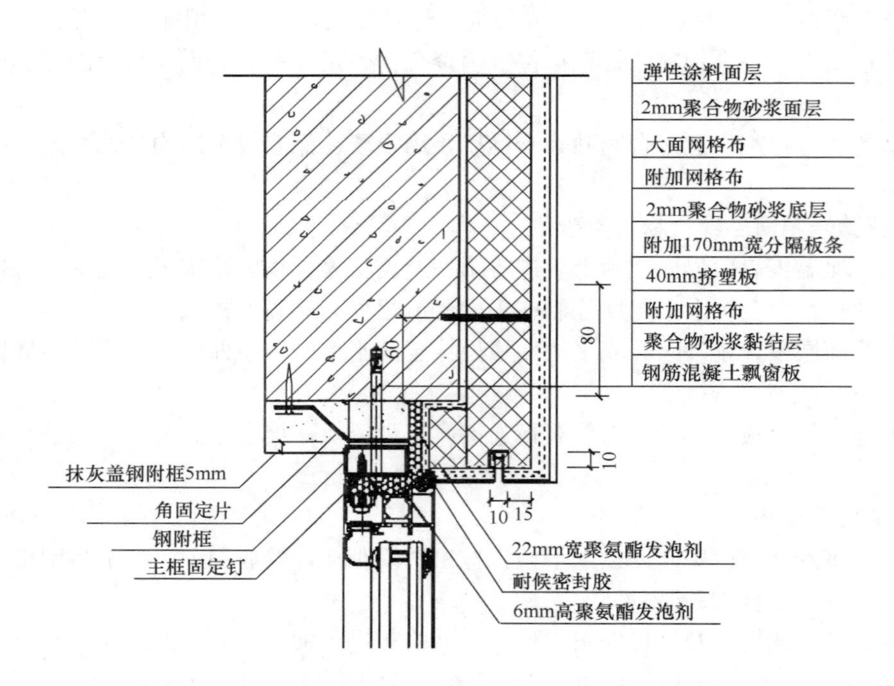

图 9-3　滴水槽凹槽处附加一层网格布示意图

（4）所有阳角部位，面层聚合物抗裂砂浆均应做成尖角，不得做成圆弧。

（5）面层砂浆施工应选择施工时及施工后 24h 没有雨的天气进行，避免雨水冲刷造成返工。

（6）在预留孔洞位置处，网格布将断开，此处面层砂浆的留槎位置应考虑后补网格布与原大面网格布搭接长度要求而预留一定长度。面层聚合物抗裂砂浆应留成直槎。

9.4　质量控制要点

（1）保温材料的品种、规格必须符合设计及规范规定。加强保温材料抽检和检验频率，不合格材料或不符合防火要求的材料坚决清退出场，并做好不合格材料退场记录。

（2）控制保温砂浆强度、墙面垂直度和保温砂浆厚度，监督检查钢丝网和玻纤网格布的粘贴、搭接情况，尼龙锚栓间距及与基层结合情况。

（3）控制保温砂浆搅拌成型至使用完毕时间，超过使用时效的砂浆或落地灰禁止使用。

（4）加强成品保护，对临近地面部位的墙面阳角、门窗口设临时护角保护。

（5）加强非砂浆类保温材料阻燃性检查，加强现场防火管理，杜绝火灾事故发生。

10 安装工程

10.1 给水系统安装

10.1.1 管道安装

1）安装流程

安装准备→预制加工→室内干管安装（供水管网）→各立管安装（管道试压）→各层支管安装（管道试压、冲洗）→卫生洁具安装→调试验收。

2）安装要点

（1）管材与管件的连接均采用热熔连接方式，不允许在管材和管件上直接套丝。与金属管道及用水器连接必须使用带金属嵌件的管件。

（2）热熔连接施工使用厂家提供的热熔机具以确保熔接的质量，手持式熔接工具适用于小口径管系统最后连接，台车式熔接机适用于大口径管预装配连接。

（3）熔接施工应严格按规定的技术参数操作，在加热和插接过程中不能转动管材和管件，应直接插入，正常熔接应在结合面有一均匀的熔接圈。

3）阀门安装

阀门安装前，应做耐压强度试验和严密性试验。对于安装在主干管上起切断作用的闭路阀门，应逐个做强度和严密性试验。阀门强度试验压力为公称压力的 1.5 倍，严密性试验压力为公称压力的 1.1 倍。

4）管道试压、冲洗

系统安装完毕后，应对系统进行试压及冲洗。强度试验压力若图纸无要求，按工作压力的 1.5 倍取。管道试压和冲洗合格后要及时办理隐蔽验收或中间验收。

10.1.2 管道试压

（1）检查整个管路中的所有控制阀门是否打开，与其他管网以及不能参与试压的设备是否隔开。

（2）将试压泵、阀门、压力表、进水管等接在管路上并灌水，待满水后将管道系统内的空气排净（放气阀流出水为止），关闭放气阀。待灌满后关闭进水阀。

（3）管道连接完 24h 后可以向管道进行加压，冷水管试验压力为工作压力的 1.5 倍，不应小于 0.6MPa，至规定试验压力后，稳压 1h，压降不超过 0.05MPa。

（4）在设计压力 1.15 倍的状态下，稳压 2h，压降不超过 0.03MPa，同时检查各连接处不得渗漏。

（5）试验过程中如发生泄漏，不得带压修理。缺陷消除后，应重新试验。

（6）系统试验合格后，试验介质宜在室外合适地点排放，并注意安全。

（7）系统试验完毕，应及时核对记录，并填写“管道系统试验记录”。

（8）试压合格，将管网中的水排尽，并卸下临时用堵头，装上给水配件。

10.1.3　管道系统冲洗

（1）管道系统强度和严密性试验合格后，应分段进行冲洗。对于管道内杂物较多的管道系统，可在试压前进行冲洗。

（2）冲洗顺序一般应按主管、支管、疏排管依次进行。

（3）冲洗前，应将系统内的仪表予以保护，并将流量孔板、喷嘴、滤网、温度计、节流阀及止回阀阀芯等部件拆除，妥善保管，待冲洗后再重新装上。

（4）不允许冲洗的设备及管道应与冲洗系统隔离。

（5）对未能冲洗或冲洗后可能留存杂物的管道，应用其他方法补充清理。

（6）冲洗时，管道内的脏物不得进入设备，设备吹出的脏物一般也不得进入管道。

（7）如管道分支较多，末端截面面积较小时，可将干管中的阀门拆掉1～2个，分段进行冲洗。

（8）冲洗时，应用锤（热水铜管用木锤）敲打管道，对焊缝、死角和管底部部位应重点敲打，但不得损伤管道。

（9）冲洗前，应考虑管道支、吊架的牢固程度，必要时应予加固。

（10）管道排水管应接至排水井或排水沟，并应保证排泄顺畅和安全。冲洗时，以系统内可能达到的最大压力和流量进行，直到出口处的水色和透明度与入口处目测一致为合格。冲洗合格后，应填写“管道系统冲洗记录”。

10.2　排水系统安装

10.2.1　安装流程

安装准备→预制加工→各立管安装（管道试压）→各层支管安装（管道试压、冲洗）→卫生洁具安装→灌水试验→系统验收。

10.2.2　排水管道系统安装工艺

（1）预留预埋：各类防水套管及使用符合设计及国家标准要求，套管穿墙处为非混凝土墙时应局部改用混凝土墙壁，其浇筑范围比翼环直径大200mm且一次将套管浇围于墙内；柔性（刚性）套管穿墙处墙厚应不小于300mm（200mm），否则应将墙壁一边或两边加厚，加厚部分直径不小于环翼直径＋200mm。

（2）测量放线：根据设计图纸及技术交底，检查、核对预留孔洞大小尺寸是否正确，将管道坐标、标高位置画线定位，然后从管道的末端到管道的始端拉线，确定坡度。根据施工图核对预留洞尺寸有无差错，标出立管的位置。

（3）预制加工：支架用角钢必须符合国家标准要求，集中除锈第一遍防腐处理后，根据需要切割下料焊接。对于明装管道支架，应采取将角钢沿45°割开然后进行斜焊接，接口处进行打磨平整。

（4）支架、吊架安装：根据测量放线确定的管道标高和坡度安装支吊架，立管根据施工图核对预留洞尺寸有无差错，标出立管的位置。洞口不正确的地方需剔凿，需断筋的地方，必须征得本专业工程师同意，按技术交底要求进行处理。在地下一层管道根部增加一加强支架，每超过 30m 增加一个加强支架。

（5）主干、立管安装：管道安装前，必须将管材、管件内部的泥砂杂物清除干净，并用手锤轻轻敲击管材，确认无裂缝后才可以使用。用于室内排水的水平管道与水平管道、水平管道与立管的连接，应采用 45°三通或 45°四通和 90°斜三通或 90°斜四通。立管与排出管端部的连接，应采用 2 个 45°弯头或曲率半径不小于 4 倍管径的 90°弯头；通向室外的排水管，穿过墙壁或基础的应采用 45°三通和 45°弯头连接，并应在垂直管段的顶部设置清扫口。

（6）支管安装：卫生间所有卫生洁具排水点均要位于地砖中心。此工序必须在土建装饰面砖确定，对卫生间进行二次深化设计，给出详细有效的排砖图后进行。连接卫生器具的短管一般伸出净地面 100mm，地漏甩口低于成活地面 5mm。安装坡度参照主干、立管安装。

（7）管道灌水、通球试验：排水管注水高度一层楼高，30min 内不渗不漏为合格。排水主立管及水平干管管道均应做通球试验，通球球径不小于排水管道管径的 2/3，通球率必须达到 100%。

10.3 消防系统安装

10.3.1 自动喷淋系统施工流程

自动喷淋系统施工流程如图 10-1 所示。

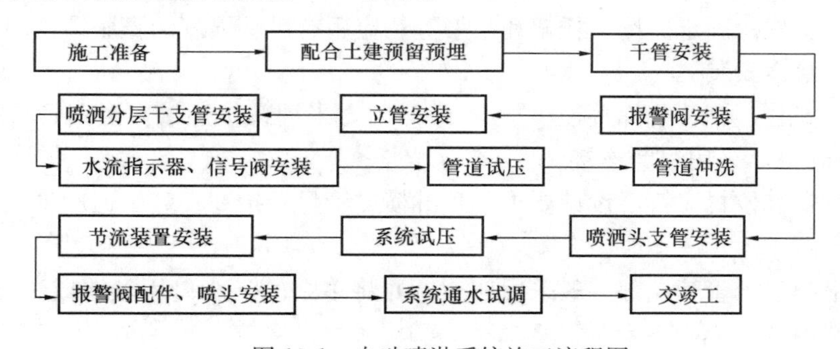

图 10-1 自动喷淋系统施工流程图

10.3.2 材料及组件检验

（1）管道、管件、机械配管系统及各种支吊架所用材质、规格、型号等应和设计图纸所标明的要求相符。

（2）闭式喷头在施工现场应进行密封性能试验，并以无渗漏、无损伤为合格，不合格者不能使用。

（3）阀门及附件现场检验应符合下列要求：

① 报警阀除有型号、规格等标志外，还应有水流方向的标志；

② 报警阀和控制阀的阀瓣及操作机构应动作灵活，无异物堵塞；

③ 水力警铃的铃锤应转动灵活，无阻滞现象；

④ 报警阀应每个进行渗漏试验，水流指示器在安装前进行主要功能检查，不合格

不得使用。

10.3.3 管道沟槽式卡箍连接技术

（1）管 $DN>100$ 管道采用沟槽式卡箍连接方式。卡箍构件包括标准沟槽连接构件和钻孔式沟槽连接构件，标准沟槽连接构件由沟槽、卡扣、垫圈、螺栓等组成；钻孔式沟槽连接构件由三通、四通卡扣、垫圈、螺栓等组成。

（2）沟槽式卡箍连接依靠手动液压泵将不同规格的压槽辊子在管道缓慢转动的基础上，在管道末端压制出标准沟槽。管道压槽后对其镀锌层无破坏。

（3）沟槽管道钻孔，安装机械三通、机械四通时，应在钢管支管接口位置开孔（如为机械四通，开孔时一定要注意保证钢管两侧的孔同心，否则当安装完毕，可能导致橡胶圈破裂，且影响过水面积），开孔使用专用的钢管开孔机。将钢管固定在开孔机上，用与开孔大小相应具有定位功能的专用空心钻头进行定位。

10.3.4 管道吊、支架安装

（1）吊架和支架包括吊杆、角铁、槽钢和铁板等。

（2）管道固定采用管道支架、吊架和防晃支架。管道支架、吊架的间距应满足表 10-1 的要求。

表 10-1 管道支架、吊架的间距

公称通径（mm）	25	32	40	50	70	80	100	125	150	200	250	300
距离（m）	3.5	4	4.5	5	6	6	6.5	7	8	9.5	11	12

（3）所有支架、固定支撑、托架和吊架等均应用有足够强度的膨胀螺栓固定。

10.3.5 管道安装

（1）管道安装，钢管公称直径小于 100mm 时，采用螺纹连接，当钢管公称直径大于等于 100mm 时，采用法兰连接。

（2）管道安装位置应符合设计要求，喷淋横支管尽量抬高安装于通风管之上，贴梁底敷设。

（3）每根配水干管管端部一般采用四通，并将多余的一个口用丝堵或法兰盖堵塞，以供系统冲洗用。

（4）管道穿过建筑物的沉降缝时，两建筑物之间应设置同口径的不锈钢软管连接。穿墙及过楼板一般应加套管，穿墙套管长度不得小于墙厚，穿楼板套管应高出楼面或地面 50mm。在管道与套管空隙之间应采用防火物料完全填塞。

（5）消火栓管和喷淋水管在安装时考虑适应管道热胀冷缩需要而设置波纹伸缩节。

① 在安装中尽量利用管道转弯等自然补偿来代替伸缩器。

② 采用伸缩节的管道，在伸缩节之间，伸缩节与直线管端头距离在表 10-1 中数值的管段上设置一个固定支架，其余为导向支架。

③ 立管上的固定支架安装在伸缩节所在层的上一层管道上。

④ 安装可曲绕橡胶接头或金属补偿器的管道两端应设置支墩或支架，使其不承受管道重量。

（6）系统排水措施应满足系统管道有0.002～0.005的坡度，使其坡向排水管。

（7）在支管每段管子上至少应设置一个吊架，相邻两喷头间的管段上应设置一个吊架，当喷头间距小于1.8m时可隔段设置，但吊架距离不宜大于3.6m。

（8）在通径为50mm或50mm以上每段配水干管或配水管上至少应设置一个防晃支架。管线过长或改变方向，必须增设防晃支架。防晃支架应能承受管道、配件和管内水重总重量的50%的水平方向推力，而不致损坏变形。

（9）竖直配水主管在其始端和终端设防晃支架或采用管卡固定，其安装位置离地面或楼面约为1.5m。立管应在其底部、顶部设防晃支架，隔层设防晃支架。

10.3.6 试压

试压前应全面检查各安装件、固定支架等是否安装到位。管道试压可分段、分层、分片进行。当管道有水压时，不得转动螺母等部件。管道试压的压力值、持压时间及试压合格标准应按有关标准规范执行。

10.4 通风排烟系统安装

10.4.1 施工流程

通风排烟系统安装施工流程见图10-2。

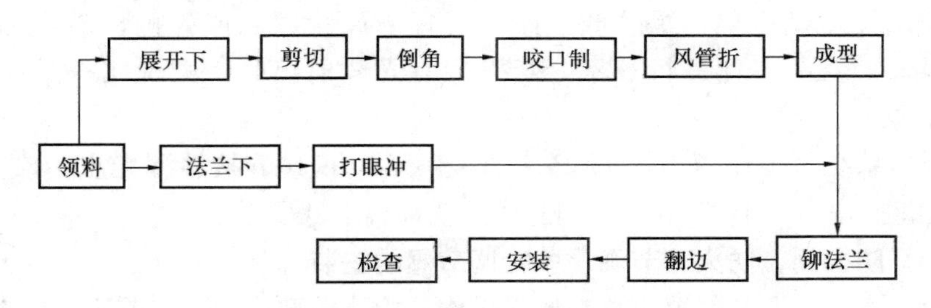

图10-2 通风排烟系统安装施工流程

10.4.2 通风系统的施工方法

风管的加工方法执行《通风与空调工程施工质量验收规范》（GB 50243—2016）的规定。

10.4.3 风管下料

（1）参照图纸上的风管尺寸，合理划分风管管段。

（2）根据图纸及风管大样，按形状和规格分别进行画线展开。画线的基本线有：垂直线、垂直平分线、平行线、角平分线、直线等分等，展开方法宜采用平行线法、放射线法和三角线法。

（3）板材剪切必须进行下料的复核，以免有误，按画线形状用机械剪刀和手工剪刀进行剪切。

（4）剪切前，严禁将手深入机械压板空隙中，上刀架不准放置工具等物品。调整板料时，脚不能放在踏板上。使用固定式振动剪两手要扶稳钢板，手离刀口不得小于5cm，用力均匀适当。

（5）板材下料后在扎口前，必须用倒角机或剪刀进行倒角处理。

10.4.4　咬口及铆接

（1）咬口后的板料放在折方机上，将画好的折方线对置于下模的中心线，操作时使机械上刀片中心线与下模中心线重合，折成需要的角度。

（2）铆钉连接时，必须使铆钉中心线垂直于板面，铆钉头应把板材压紧，使板缝密合并且铆钉排列整齐、均匀，板材之间铆接。

10.4.5　风管的成型

管段长度大于1250mm或低压风管单边面积大于1.2m² 均应采取加固措施。成型风管的表面不应有扭曲和被破坏等现象。

10.4.6　镀锌风管的法兰连接

法兰由四根角钢组焊而成，画线下料应注意使焊成后的法兰内径不能小于风管的外径，用电动切割机按线切割。法兰螺栓孔及铆钉孔间距，低压系统风管应小于或等于150mm。角钢放在焊接平台上进行焊接，焊接时用各规格模具卡紧。

10.4.7　风管的漏风量测试

（1）风管的严密程度是反映安装质量的一个重要指标，经测试合格的风管系统，可防止冷量流失，节省能源。风管漏风量测试采用漏光法，它是运用光线对小孔的强穿透性，对系统风管严密性进行检测的一种方法。检测应在晚上进行，保证四周环境较暗，将100W带保护罩的低压照明灯置于风管内侧或外侧，沿检测部位与接缝做缓慢移动，在另一侧进行观察，当发现有光线射出时，则说明查到明显漏风部位，做好记录。

（2）低压系统（工作压力≤500Pa）抽查5%，每10m接缝漏光点不应多于2处，且100m接缝平均不大于16处。空调通风系统都属于低压系统。

10.4.8　防火阀、防火调节阀、多叶调节阀的安装

（1）应注意阀门调节装置设置在便于操作及检修的部位。安装前应先检查阀门外形及操作机构是否完好，检查动作是否灵活，确认阀门各方面正常之后，再进行安装。

（2）防火阀或超过10kg的风阀等风管配件，宜设独立支、吊架，以避免风管在高温下变形，影响阀门功能。

（3）风管穿越防火墙、楼板所装的防火阀应尽量贴墙、贴楼板或贴竖井壁安装。

（4）防火阀的安装方向、位置应正确，防火阀的易熔件应在安装完风管和阀体后再安装。安装前试验阀门与叶片是否灵活、严密。防火阀检查孔的位置必须设在便于操作的部位。防火分区隔墙两侧的防火阀，距墙表面不应大于200mm。

（5）阀门在顶棚上或风管内安装时，应在顶棚板上或风管壁上设检修人孔，一般人孔的尺寸不小于450mm×450mm。

10.4.9　风口安装

风口安装配合装饰顶棚进行。风口与风管连接要严密，风口布置根据施工图纸，尽量成行成列，风口外观平直美观，与装饰面紧贴，表面无凹凸和翘角。

10.5 空调系统安装

10.5.1 风机盘管安装

（1）机盘管的安装力求水平，方便调整及拆卸，空调水管与风机盘管的连接采用铜管，以便拆修，接管应顺畅，连接处应严密，严禁渗漏。

（2）凝结水管与风机盘管的连接，可采用透明胶管，以观察凝结水泄水情况，透明胶管不得折弯。

（3）凝结水水平管的坡度不小于0.01，泄水往指定地点，安装完毕后应试水，确保排水顺畅。

（4）风机盘管与风管，风口的连接必须严密。

（5）手动放气阀的出口应用接管接往凝结水盘。

10.5.2 柜式空调机组、风机安装

（1）空调柜机的座地安装应平整、牢固，就位尺寸正确，连接严密，四角垫弹簧减振器，各组减振器承受荷载应均匀，运行时不得移位，如图10-3所示。

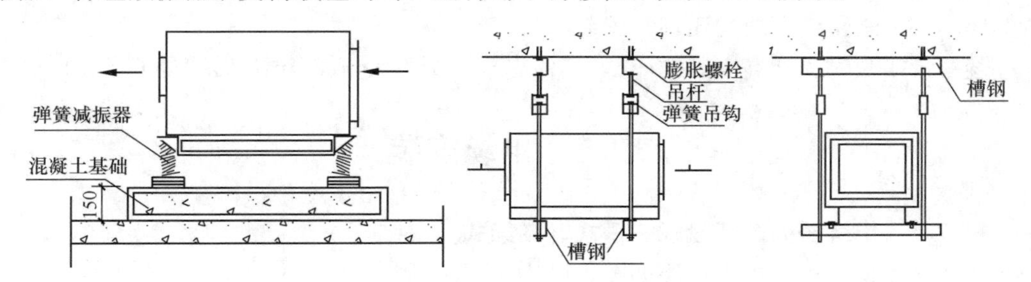

图10-3 地式（顶棚式）风机（风柜）安装图

（2）与机组连接的风管和水管的重量不得由机组承受。

（3）风机、风柜进出口与风管的连接处，应采用帆布或人造革柔性接头，接缝要牢固严密。

10.5.3 消声器安装

（1）消声器运输、安装时不得损坏，充填吸声材料要均匀，不得下沉，面层要完整牢固，消声器安装的方向应正确。

（2）消声器片安装务必牢固，以防使用后跌落，片距要均匀。

（3）消声器与风管的连接严密，消声器外用2.5cm厚亚罗弗闭泡材料保温。

（4）消声器应单独设支架，其质量不得由风管承受。

10.6 防雷及接地系统安装

10.6.1 施工工序

防雷及接地系统安装施工工序如图10-4所示。

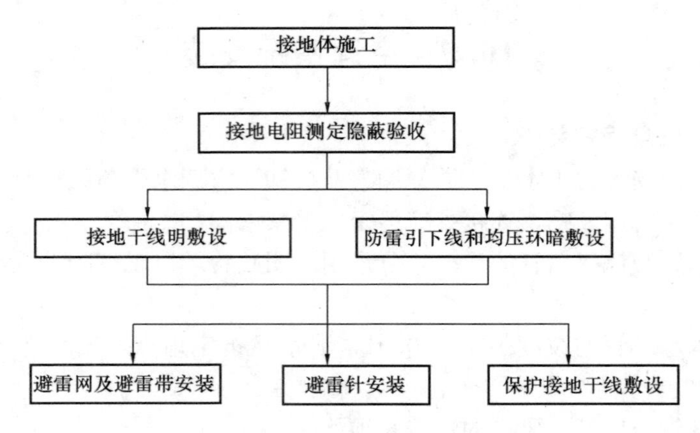

图 10-4　防雷及接地系统安装施工工序

10.6.2　避雷网安装

（1）避雷线应平直，弯曲处不得小于 90°，弯曲半径不得小于圆钢的 10 倍。

（2）避雷网宜采用 10m×10m 或 12m×8m 网格。

10.6.3　避雷带（或均压环）安装

避雷带明敷时支架高 10～20cm，其各支架间距不大于 1.5m，转弯处 0.5m。

10.7　电缆安装

10.7.1　电缆桥架（托盘式、槽式、梯架式）安装

（1）电缆桥架安装施工工序如图 10-5 所示。

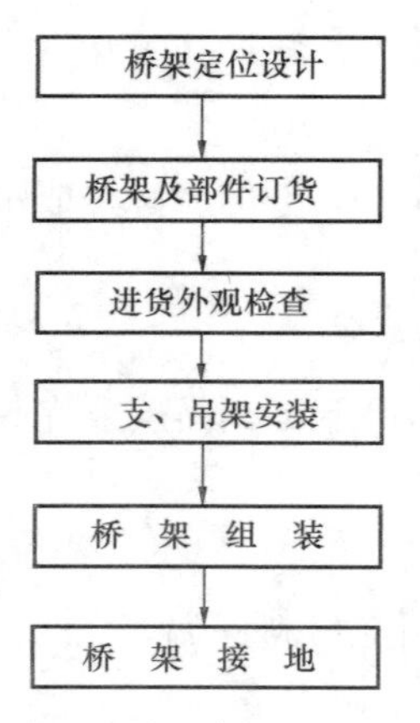

图 10-5　电缆桥架安装施工工序

（2）桥架由直线段和各种弯通组成，订货前必须根据设计的初步走向，现场确定立体方位、走向和转弯角度，并测量和统计直线段、各种弯通和附件的规格及数量，提出采购计划。

（3）桥架定位设计时必须考虑动力电缆与控制电缆不要共用一个支架，如条件限制必须共用一个支架时，动力电缆与控制电缆应分层敷设，不宜超过三层。控制电缆桥架应布置在上方，动力桥架在下方，必要时还要采取屏蔽措施。

（4）桥架定位设计时要注意直线段钢制桥架超过 30m、铝合金桥架超过 15m、桥架跨越建筑物伸缩缝处时均应采用伸缩连接板。

（5）桥架的支、吊架制作：应根据桥架的大小和承重量或托臂与夹板式制作成门形、梯形、三角形、悬吊型或托臂与夹板式等形式。

（6）支、吊架安装时应测量拉线定位，确定其方位、高度和水平度。桥架在每个支、吊架上固定应牢固，固定螺栓应朝外。

（7）铝合金桥架在钢制支吊上固定时，应采取防电化腐蚀措施，在支、吊架与桥架之间加垫隔离绝缘胶板。

(8) 电缆桥架系统应具有可靠的电气连接并接地，在伸缩缝或软连接处需采用编织铜带连接，桥架安装完毕后要对整个系统每段桥架之间跨接连接进行检查，确保相互电气连接良好，对其电气连接不好的地方应加装跨接铜板片，或采取全长和另敷设接地干线，每段桥架与干线连接。

10.7.2　电缆敷设

1) 施工工序

电缆敷设施工工序如图 10-6 所示。

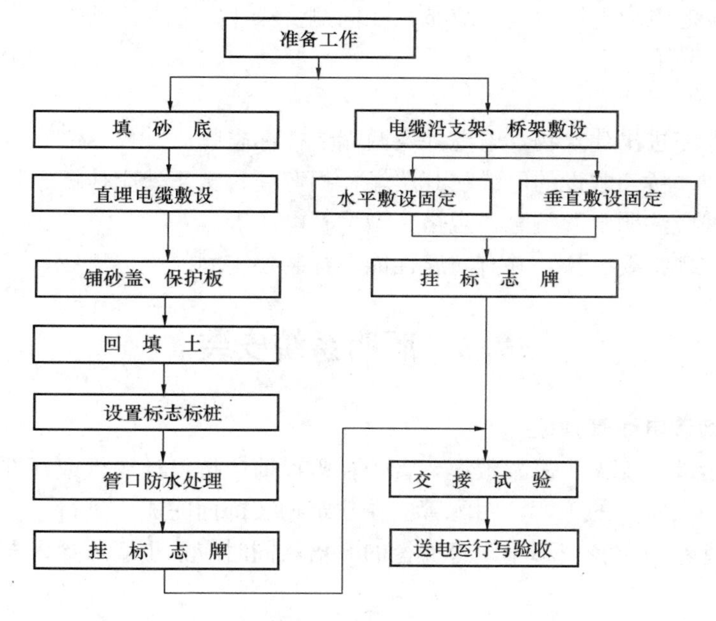

图 10-6　电缆敷设施工工序

2) 准备工作

(1) 1kV 及以下电缆，用 1000V 兆欧表测量线间及线对地的绝缘电阻应符合产品技术标准。

(2) 电缆测试完毕，应将电缆头用橡皮包布密封后再用黑色布包好。

(3) 放电缆前要根据电缆的敷设线路准备和放置直线滚轮和转角滑轮。

(4) 放电缆必须建立联络指挥系统，配置指挥 1 人、起重工数人、充足的劳动力，配置适当的无线电对讲机和手持扩音喇叭指挥。

(5) 电缆现场短距离搬运，一般采用滚动电缆轴的方法，滚动时应按电缆轴上箭头指示方向滚动，如无箭头时，可按电缆缠绕方向滚动，切不可反缠绕方向滚动，以免电缆松弛。

3) 电缆沿支架或桥架敷设

(1) 水平敷设分不同等级，电压电缆分层敷设，低压在下方，高压在上方。

(2) 每层敷设排列要整齐，不得有交叉，拐弯处应以最大截面电缆允许弯曲半径为准。

（3）同级电压电缆沿支架敷设水平净距不得小于35mm。

（4）垂直敷设，最好自上而下敷设，但在敷设时在电缆轴附近和部分楼层应采取防滑措施。

（5）垂直敷设时，每敷设一根，应立即卡固一根，每个支架上或桥架上每隔2m处固定卡固。

（6）电缆进入电缆沟、竖井、建筑物、盘（柜）以及穿入管子时，出入口应封闭，管口应密封。

（7）交流单芯电力电缆敷设，应布置在同侧支架上，当按紧贴的正三角形排列时，应每隔1m用绑带扎牢。

4）挂标志牌

（1）直埋电缆进出建筑物，电缆井及两端要挂标志牌。

（2）沿支架、桥架敷设的电缆在其两端、拐弯处、交叉处应挂标志牌。

（3）标志牌应注明电缆编号、规格、型号及电压等。

（4）标志牌规格要一致，并有防腐性能，挂装要牢固。

10.8 照明系统安装

10.8.1 钢管电线管敷设

（1）配管沿墙、支架、吊架敷设，管子在敷设前应按设计图纸或标准图，加工好各种支架、吊架和大钢管的预弯。明配管应在建筑物装饰面完成后进行。

（2）明配管弯曲半径应不小于管外径的6倍，同时应不小于所穿入电缆的最小允许弯曲半径。

（3）配管时要注意每根电缆管弯头不宜超过3个，直角弯不宜超过2个。

（4）管路超过一定长度，应加装接线盒，使其位置便于穿线。明配管在通过建筑物伸缩缝和沉降缝时应采取补偿措施。

（5）现浇混凝土楼板、墙、柱、梁内配管随墙砌砖配管。

（6）暗敷管路应与土建施工队伍密切配合，并应符合土建工程中给定的建筑物标高。

10.8.2 固定盒箱

（1）管路和钢筋可用铁丝捆扎固定，盒、箱表面与建筑物、构筑物表面的距离不小于15mm，盒、箱中要填满塑料泡沫或其他填充物，防止水泥落入。盒、箱要求放置平整牢固，坐标正确。

（2）暗敷的镀锌钢管的镀锌层脱落处、丝扣处、各跨接线和焊缝处均要刷防腐油漆。

（3）盒箱、配管等隐蔽前要会同监理对其做全面检查验收，办理好书面隐蔽检查验收记录，方可交付隐蔽。

10.8.3 管内穿线与接线施工流程

管内穿线与接线施工流程如图 10-7 所示。

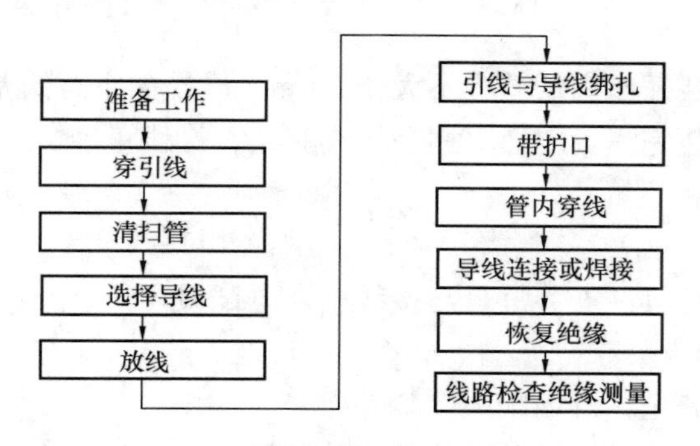

图 10-7 管内穿线与接线施工流程

10.8.4 室内照明配电箱、开关、插座、灯具等电器安装

（1）配电箱安装施工流程如图 10-8 所示。

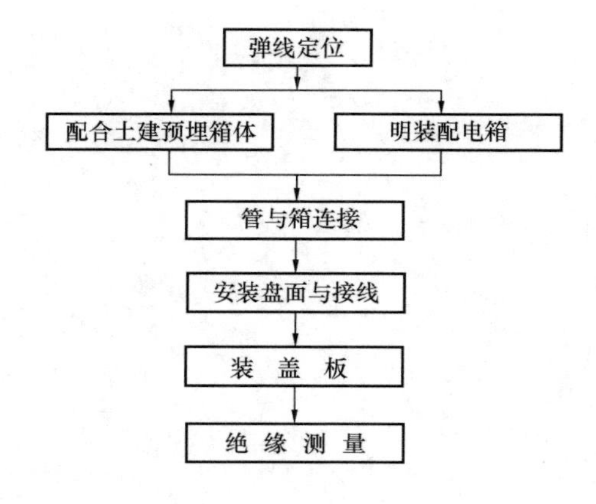

图 10-8 配电箱安装施工流程

（2）低压电力和照明配电箱安装方法分为明装（悬挂式）和暗装（嵌入式），工程配电箱应根据设计由工厂成套生产。箱体预埋前箱体与箱盖（门）和盘面解体后做好标志。箱体预埋要配合土建主体施工进行，箱体埋入墙内，入置要平正、固定牢固，箱体与墙面的定位尺寸应根据制造厂面板安装形式决定。盘面电器元件安装应按制造厂原组件整体进行恢复安装。配电箱面板四周边缘应紧贴墙面，不能缩进抹灰层内或凸出抹灰层。需铁架固定的配电箱的铁架固定形式可采用预埋或用膨胀螺栓固定。漏电开关后的 N 线不准重复接地，不同支路不准共用（否则误动作），不准作保护线用（否则拒动作），应另敷设保护线。

10.8.5 开关插座安装

（1）施工流程：盒内清理→接线安装→通电→检查。

（2）将预埋的底盒内残存的灰块剔掉，同时将其他杂物清出盒外。

（3）按照开关、插座的接线示意图进行接线。

(4) 盒内导线应留有维修长度，剥削线不要损伤线芯，线芯固定后不得外露。

(5) 暗装开关的面板应端正严密并与墙面平，成排安装开关高度应一致，高低差不大于 2mm。

(6) 同一室内安装插座高低差应不大于 5mm。成排插座高低差应不大于 2mm。

(7) 插座开关安装完毕，应通电逐一检查其是否接线正确。

10.8.6 灯具安装

1) 安装流程

检查灯具→组装灯具→安装灯具与接线→通电试验。

2) 一般要求

(1) 灯具配件应齐全，灯内配线严禁外露。

(2) 建筑物顶棚内灯具安装要配合装修按装修图安装，安装成排或对称及组成几何图形灯具时，精确测量放线定位，保证灯具安装整齐、美观。

(3) 同一场所的疏散灯、出口指示灯安装高度应一致、平整。

11 室外工程

11.1 一般要求

沟槽开挖前，必须查清与施工现场相关的地下设施、管线、文物等情况。根据图纸和有关资料，采取现场开挖探坑的方法了解地下情况。与已有管线相接处，必须在挖槽之前，对其平面位置和高程进行校对，必要时应开挖探坑进行核实，若坑探结果与施工图及有关资料提供的位置或高程不符时，及时通知设计人员变更调整。

11.2 施工内容

沟槽开挖（回填），给排水管道、消防管道安装，电缆敷设，检查井（雨水井、污水井）、电缆井砌筑，雨水口安装，广场路面（人行道花砖）工程等。

11.3 施工要点

11.3.1 沟槽施工

（1）在施工中，根据设计设定的路线控制点，在现场施测线路的起点、终点控制中心桩（用木桩固定，桩顶钉中心钉设定）。

（2）在明确地下管线走向的情况下可采用机械开挖。临近管线位置采取人工开挖。地下构筑物槽底净宽度应保证构筑物外侧每侧的工作宽度不小于80cm。雨水和污水管线的槽底宽度应事先进行计算。为保证基底的土壤结构不受扰动，基底预留10～20cm由人工清理，严禁超挖。人工清挖槽底时，应控制槽底高程和宽度，并不得扰动或破坏槽底土壤结构。当下一道工序不能与本工序连续进行时，槽底预留层应待下一步工序开工时再挖。清理槽底尽量使用平锹。清槽前，应进行高程测量和中线放样，以确保工程质量。

（3）当机械挖槽时应在人工清槽前埋设坡度板，坡度板间距不大于10m。坡度板应埋设牢固，不应高出地面，伸出槽帮长度不小于30cm。坡度板的截面尺寸为8cm×20cm。坡度板上的管线中心钉和高程板的高程钉保持垂直。

（4）管道工程必须在隐蔽验收合格后及时回填。回填前，先将砖、石、木块等杂物清理干净；沟槽内应无积水，不得有淤泥、腐殖土、冻土等。

（5）沟槽回填应按沟槽排水方向由高到低逐层进行，且不得损伤管道。

（6）槽底至管顶以上50cm范围内，采用细砂回填，细砂不得含有有机物、砾石等杂物。检查井周围回填土应采用灰土、砂、砂砾等材料回填，其宽度不小于400mm，并与管道土方同时回填。管道胸腔部分和管顶以上 50cm 以内部分在夯实回填土时应尽量使用小型夯实机具，特别是靠近检查井和管道抹带接口的位置，应尽量使用木夯等工具人工夯实为宜。回填砂或砂石时应使用小型平板振捣设备振捣密实，并确保检查井、管道和管道接口等位置不受到碰撞。

（7）管道两侧回填土施工应同时进行，压实面的高差不应超过 300mm；检查井回填土四周应同时回填。分段回填时，相邻段的接槎处应将夯实层留成阶梯状，不能形成陡坡，台阶的长度应大于高度的 2 倍。严禁虚培台阶，应人工切削而成，台阶上面应有一定坡度，以利于排水。当日回填土应当日夯实，做到当天的工作当天完成。

11.3.2 检查井砌筑施工

（1）检查井砌筑

① 砌砖前必须对砌筑所用材料进行检验和试验，合格后方可使用。砌砖前必须检查基底的尺寸、高程及底板混凝土强度是否符合要求。

② 与混凝土基础相接的砌筑面应先清扫，并用水冲刷干净。

③ 砌砖前应根据所放井位线，采用撂底摆缝确定法砌筑。砌筑时，砂浆应满铺满挤，灰缝不得有竖向通缝，水平灰缝厚度和竖向灰缝宽度一般以 1cm 为标准。砌墙如有抹面，应随砌随将挤出的砂浆刮平，如为清水墙，应随砌随刮缝，其缝深 1cm 为宜，以便勾缝。

（2）流槽、脚窝及踏步

① 检查井室的流槽，应在井壁砌到管顶以下即行砌筑。当采用砖砌筑时，表面应用砂浆分层压实抹光。

② 脚窝预留的尺寸和位置符合设计要求。

③ 井室（筒）内的爬梯应随砌随安，在安装前刷防锈漆，砌筑时应注意踏步相互间尺寸，并用砂浆埋固。踏步在砌筑砂浆未达到规定强度前不得踩踏。

（3）预留支管应随砌随安，管口应深入井内 3cm，预留管的管径、方向、标高应符合设计要求，管与井壁衔接处应严密不得漏水，预留支管采用低强度等级砂浆砌筑封口抹平。

（4）井盖的高程应与路面配合，在绿地内要高出地面 20cm。检查井应边砌边回填土，每层厚不宜超过 30cm。

（5）雨水检查井内在管顶 30cm 以下用 1∶2.5 水泥砂浆抹面，厚度 2cm；污水检查井内自盖板底以下全部用 1∶2.5 水泥砂浆抹面，厚度 2cm。为保证闭水试验合格，污水井外表面也用 2cm 厚的 1∶2.5 水泥砂浆抹面。

（6）管道安装完毕，回填土前应进行闭水试验，试验按《给水排水管道施工及验收规范》（GB 50268—2008）中的方法进行。

11.3.3 雨水口安装

（1）雨水口应与道路工程配合施工。按道路设计边线及支管定出雨水口中心线桩，雨水口长边必须与道路边线重合。

（2）按雨水口中心线桩挖槽，挖至设计槽底。槽底要夯实，并浇筑 C10 混凝土基础。

（3）雨水口砌筑

① 砌筑井墙，随砌筑随勾平缝，用C10混凝土将墙外坑槽回填捣实。

② 雨水连接管口要与雨水口内壁平齐，并且连接管的截断口不允许外露。

③ 雨水口砌筑完成后，暂时不安装雨水箅子，用木板或铁板覆盖，以备在道路面层施工时，压路机通过不致被压坏。最后一层沥青混凝土摊铺前挂线安装好雨水箅子，上面用等面积胶合板覆盖。

11.4 管线埋设及管井砌筑质量控制要点

（1）施工管材的材质、规格均应满足设计及规范要求，排水坡度符合设计要求，坡向正确。

（2）检查井的井底标高应符合道路设计要求，井底应按设计流向做出排水溜槽。

（3）给水管道安装完毕后应及时做压力试验，排水管道应做闭水试验，做好隐蔽验收后方可进行管沟回填。

11.5 花砖铺设

11.5.1 施工准备

（1）水泥花砖：抗压、抗折强度符合设计要求，其规格、品种按设计要求选配，外观边角整齐方正，表面光滑、平整，无扭曲、缺角、掉边现象，进场时应有出厂合格证。

（2）砂：宜用中砂，并通过5mm筛孔，由实验室出具试验报告。

（3）水泥：强度等级应满足设计要求，并有出厂合格证。

11.5.2 操作工艺

（1）工艺流程：细石混凝土垫层→找标高、拉线→铺砌路面砖→灌缝。

（2）细石混凝土垫层：在已夯实的基土上进行细石混凝土垫层的带坡找平操作，按设计要求的厚度进行，厚度最薄处不应小于40mm。

（3）找标高、拉线：细石混凝土垫层打完之后，根据建筑物已有标高和设计要求的路面标高，沿路长进行砸木桩（或钢筋棍），用水准仪抄平后，拉水平线。

（4）水泥花砖面层：对进场的水泥花砖进行挑选，将有裂缝、掉角、翘曲和表面上有缺陷的板块剔出，强度和品种不同的板块不得混杂使用。拉水平标高线，将灰土垫层清理干净，在甬路两端头各砌一行砖，找好平整及标高，以此作为甬路路面的标准。铺砌前将垫层清理干净后，铺60mm厚的砂层，不得铺得面积过大，随铺随砌，面砖铺上时略高于面层水平线，然后用橡皮锤将面砖敲实，使花砖与砂紧密结合牢固，面层与水平线相平，控制在允许偏差范围内。花砖在铺砌前要根据路面宽度进行排砖（或板块），如有非整砖（或板块）时，要均分排在路宽的两侧边，用现浇混凝土补齐与路缘石间缝隙，其强度等级不应低于20MPa。

（5）灌缝：水泥花砖铺砌后2d内，应根据设计要求的材料（砂或砂浆）进行灌缝，填实灌满后将面层清理干净，待结合层达到强度后，方可上人行走。夏期施工，面层要浇水养护。

11.5.3 质量要求

（1）各种面层所用的板块品种、质量必须符合设计要求。

（2）面层与基层的结合（黏结）必须牢固，无空鼓。

（3）各种板块面层的表面洁净，图案清晰，色泽一致，接缝均匀，周边顺直，板块无裂纹、掉角和缺棱等现象。

（4）带有坡度的地面，坡度应符合设计要求，不倒泛水，无积水，与地漏（管道）结合处严密牢固，无渗漏。

（5）水泥花砖、缸砖地面允许偏差见表11-1。

表11-1 水泥花砖、缸砖地面允许偏差 mm

		花砖	缸砖	检验方法
1	表面平整度	3	4	用2m靠尺和楔形塞尺检查
2	缝格平直	3	3	拉5m线，不足5m拉通线和尺量检查
3	接缝高低差	0.5	1.5	尺量和楔形塞尺检查

11.5.4 花砖地面质量通病防治措施

（1）板块空鼓：基层清理不净、洒水湿润不均、砖未浸水、水泥浆结合层刷的面积过大风干后起隔离作用、上人过早影响黏结层强度等，都是导致空鼓的原因。

（2）板块表面不洁净：主要是做完面层之后，成品保护不够，油漆桶放在地砖上、在地砖上拌和砂浆、刷浆时不覆盖等，都可能造成面层被污染。

（3）地面铺贴不平，出现高低差：对地砖未进行预先选挑，砖的薄厚不一致造成高低差，或铺贴时未严格按水平标高线进行控制。

12 冬雨期施工

12.1 雨期施工

（1）雨期以“防排结合”的原则组织施工。根据雨期施工特点，结合施工现场的实际情况，采取防雨措施及加强排水手段，以确保雨期正常施工生产，确保工程施工质量和进度，确保不发生安全事故。

（2）成立以项目经理为组长、各职能部门相关人员为组员的雨期施工领导小组，分工明确、责任到人。

（3）做好雨期施工的材料、设备、现场临设、临电设施等的计划。

（4）雨期施工现场排水布置，绘制雨期施工现场排水平面图，合理设置施工现场的排水管、沟，保证雨水排放畅通。

（5）雨期施工准备

① 技术准备：在雨期到来之前，结合有关工艺标准和工程特点编制雨期施工方案，根据雨期施工方案对各专业、各作业班组进行技术交底，落实各项雨期施工技术措施。

② 材料、设备准备：雨期施工材料、设备必须按计划时间全部组织进场，不允许临时采购。进场时应对其质量进行检查验收，做好记录。雨期施工材料的保管、使用设专人负责。

③ 现场准备：主要包括维修现场排水设施、临时设施、机械设备防护，系统检查临电设施、原材料及半成品的堆放及保护，边坡支护的安全检查，脚手架的检查、维护。

12.2 雨期施工质量控制

12.2.1 土方回填工程

土方回填前，应先清除槽内的杂物和积水。已填好的土如遭水浸，应把受浸泡的土层铲除后，方能进行下一道工序。填土区应保持一定的横坡，或中间稍高、两边稍低，以利于排水。当天填土，应在当天夯实。地下室回槽与顶板土方回填后，应沿回槽周边设置排水明沟和集水井。将场地雨水汇流至集水井后，用潜水泵抽出排至现场周边的雨水管网中。

12.2.2 钢筋工程

（1）钢筋堆放场地均做混凝土地面，流水坡度和坡向能满足场地不积水。

（2）钢筋直接用10cm×10cm木方或者砖砌筑台垫高堆放；直条钢筋堆放在高出地面≥30cm的墩台上。

（3）雨天钢筋原材应用帆布覆盖好，被雨淋后发生严重锈蚀的钢筋，在加工前应先用钢丝刷除锈。

（4）在钢筋绑扎过程中若遇下雨，作业层面上未用的钢筋半成品应及时用帆布覆盖。

（5）钢筋绑扎好后，及时验收，进行合模或浇筑混凝土，防止被雨淋。

12.2.3　模板工程

（1）木方、多层板等应垫高堆放，雨天覆盖帆布，防止受雨淋或雨水浸泡发生变形。

（2）梁、板模板在雨后、浇筑混凝土前应重新检查，加固模板及其支撑。

（3）大模板堆放场地填土必须夯实，并用混凝土或碎石硬化，以防地面雨后下沉，大模板失稳倾倒。

（4）在大雨、六级及以上大风天气，应停止大模板吊装和拆除。

（5）拆下的大模板，应及时清理干净，涂刷脱模剂，防止雨淋后生锈。已涂刷脱模剂的模板受雨水冲刷后，必须重新涂刷脱模剂。

12.2.4　混凝土工程

（1）对于工程主体结构全部采用商品混凝土的工程，为保证雨期施工时混凝土质量，在与混凝土供应商签订的商品混凝土技术协议中对雨期施工要有特殊规定。

（2）应注意收听天气预报，避免大雨天气浇筑混凝土。

（3）混凝土开盘前通知搅拌站应根据砂、石含水率调整施工配合比，适当减少加水量。

（4）已经开始浇筑混凝土或在浇筑混凝土过程中发生降雨，应采取如下措施：

① 预先设置施工缝，以便雨天能够及时停止浇筑。

② 对已浇筑的混凝土及时用彩条布覆盖，雨后应及时收面或重新收面。

③ 雨后将模板内的杂物和积水清除后再浇筑混凝土。

④ 如浇筑混凝土间歇时间超过混凝土初凝时间，必须对施工缝处理后才能继续浇筑混凝土。

⑤ 浇筑过程中加强坍落度的检测，保证混凝土质量。

12.2.5　二次结构工程

（1）砌块应在地势较高且不影响现场交通处集中堆放，遇大雨应及时覆盖，防止含水率过大，影响砌筑质量。被雨水淋透、含水率较大混凝土砌块暂时不要使用。

（2）干拌砂浆在下雨时运输至现场后，应及时运至建筑物内存放，避免雨淋。

12.2.6　防水工程

（1）防水卷材在运输和储存时应立放，并应有防止雨淋、曝晒措施。

（2）施工过程中如遇降雨，应停止施工，雨后应扫除基层明水，待其基本干燥后再施工。

12.2.7　装修工程

（1）砌体材料、顶棚配件和饰面板、面砖、石材、幕墙构件等均应按区域集中堆放，下部架空处理，并用帆布进行覆盖。

（2）粉状材料必须进入库房存放，避免雨淋。

（3）室外作业时，尽量避免在降雨期间施工，以确保工程质量。

12.2.8　特殊部位防雨措施

（1）地下室外墙后浇带在导墙外侧抹 20mm 厚 1∶3 水泥砂浆，以防雨水流入地下室。

（2）地下室顶板后浇带两侧用 M5 水泥砂浆砌筑 200mm 高、240mm 宽的砖墙，横放钢管，间距 1000mm，铺竹胶合板，表面覆盖彩条布防雨。

（3）所有顶板孔洞，如塔吊穿板处用 M5 水泥砂浆砌筑 350mm 高、240mm 宽砖墙，搭设钢管支撑架，在其上铺设竹胶合板，中部起拱，并覆盖油毡，以防雨水进入地下室。

12.3　冬期施工

（1）冬期施工主要是采取切实可行的保温防冻措施及道路、工作面的防滑措施等，确保冬期正常施工生产，确保工程的施工质量和进度，不发生安全事故。

（2）施工单位成立以项目总工程师为组长的冬期施工领导小组，在项目部的领导下统一协调，负责冬期施工方案的实施和检查。

（3）冬期施工准备

① 编制冬期施工方案，进行冬期施工技术培训。提前做好冬期施工技术交底工作，明确冬期施工中分项工程的材料、施工工艺、安全、质量、施工注意点等。

② 施工现场设置测温箱，安排专人测量施工期间的室外气温，混凝土的入模、养护温度，施工楼层室内温度，并认真做好记录。

③ 施工单位技术质量部门应根据工程冬期施工的特点，对商品混凝土搅拌站提出详细的混凝土技术性能要求。商品混凝土搅拌站提前做好冬期施工混凝土的试配工作，合理选择掺合料、外加剂等，报送项目经理部审核批准后实施。

④ 及时收听天气预报，掌握天气变化情况，防止寒流的突然袭击。

⑤ 做好现场上下水的管道出水口、消火栓及外露水管、混凝土泵管的保温工作，使用保温材料并外缠布紧固。

⑥ 冬季前对现场配电箱、闸箱、电缆临时支架、电焊机等用电设备机具等仔细检查，需加固的及时加固，缺盖、罩、门的及时补齐，防雪防潮，确保用电安全。

⑦ 冬施前对塔吊、地泵设备进行检修、维护。

⑧ 按计划及时组织冬期施工用保温材料、加热设备等进场，并加强验收检查，确保其安全可靠性。

12.4　冬期施工质量控制

12.4.1　钢筋工程

（1）在负温条件下使用的钢筋，施工时应加强管理和检验。钢筋在运输和加工过程中注意防止撞击，避免造成刻痕等缺陷。

(2) 在负温下采用控制冷拉率的方法进行钢筋冷拉，冷拉后的钢筋应逐根进行外观检查，其表面不得有裂纹和局部颈缩。

(3) 钢筋直螺纹丝头加工采用的冷却液（水溶性切削润滑液）须为防冻型。保证－20℃以上不受冻仍可使用。

12.4.2 模板工程

(1) 墙体、柱子模板的保温：可在模板背面粘贴 50mm 厚阻燃聚苯保温板。

(2) 遇雨雪天气，及时清除模板内冰雪。

(3) 冬期施工期间混凝土强度增长缓慢，顶板模板数量须准备充足，高层至少按三层准备，支撑按四层准备。

(4) 模板拆除控制：梁、板侧模及墙柱模板须在同条件养护试块混凝土强度达到 $4N/mm^2$ 后，且混凝土表面温度与外界环境温度差不大于 20℃时方可拆除。

(5) 结构施工用彩条布全部封闭，在室内用电暖器或煤炉生火，保持温度在 0℃以上，注意防火、煤气中毒等预防措施。同时要有专人负责看管，煤炉不能熄灭。

(6) 墙体模板保温：煤炉生火，能保证冬期施工要求，不需保温。如室内用煤炉生火达不到规定的温度，墙模外侧均外挂草帘被进行保温。独立柱模板保温方法同墙体模板，同时应适当延长拆模时间，墙、柱顶面用草帘被遮盖。

(7) 冬期模板使用之前应彻底清理模板上的冰雪；模板必须采用油性脱模剂并应涂刷均匀。

(8) 木模板堆场用双层编织布覆盖，防止被雨雪浸泡。模板应留置清扫口，便于清理模内杂物和雪块。

(9) 模板验收后，如不能及时浇筑混凝土，在下雪前需用塑料薄膜把模板覆盖，避免冰雪落入模内。

(10) 顶板保温，采用封堵门窗洞口，室内加温来保证。

12.4.3 混凝土工程

(1) 冬期施工期间混凝土的配合比：在混凝土内掺外加剂（如早强剂、防冻剂等）来提高混凝土的早期强度，外加剂掺量在施工前由实验室提前做出预配，搅拌时由专人进行配制，严格掌握掺量。掺外加剂（如早强剂、防冻剂等）配比资料报监理同意后方可使用。预拌混凝土，宜采用综合蓄热法施工。

(2) 提前做好试配，预先做混凝土试压报告、碱含量控制计算和热工计算。混凝土开盘前必须用热水或蒸汽冲洗搅拌机。搅拌时间一般不得少于常温搅拌时间的 1.5 倍。运输混凝土的车辆必须进行标志，罐车要加保温套进行保温，没有加保温套运输的车辆不得上路。

(3) 混凝土浇筑前，要及时清除钢筋及模板上的冰雪、冻块和污垢，并检查竖向构件（柱、墙）的模板保温是否包裹严密，水平构件（梁、板、楼梯）的挡风设施、加热设施是否到位。

(4) 楼板采用一层塑料布加阻燃草帘被保温。当大气温度不低于－10℃时，阻燃草帘被覆盖一层；当大气温度低于－10℃时，阻燃草帘被覆盖两层。墙、柱混凝土模板拆除前利用模板背面的50厚聚苯板保温，并及时采用阻燃草帘被包裹、覆盖保温。墙、柱采用竖向悬挂的方法，上下两层草帘被接缝处应相互错开。

(5) 尽量避开在－10℃以下时进行顶板混凝土的浇筑，浇筑后的混凝土用塑料布及阻燃草帘被覆盖保温。

(6) 现场预备好电加热器，对顶板混凝土进行加温，其数量和使用位置应提前确定。

(7) 顶板混凝土浇筑时，在施工层高度内的外围及各施工流水段间用彩条布和防火草帘被围挡严密，围挡挂在脚手架内侧。彩条布高出在施楼层至少1800mm，在施楼层下2000mm范围内挂单层彩条布和一层草帘被遮挡（楼层下的彩条布和草帘被遮挡时间不少于3d）。

(8) 对商品混凝土搅拌站的要求：冬期施工的混凝土应采用硅酸盐水泥或普通硅酸盐水泥配制，混凝土受冻临界强度应为设计混凝土强度标准值的30%。

(9) 混凝土养护

① 混凝土采用覆盖蓄热保温养护，桩基、支护工程不需加热，仅作保护性覆盖。

② 洞口封闭：墙体模板拆除后应立即将外围洞口用彩条布和阻燃草帘封闭挡风，以利墙体和顶板混凝土强度的增长。

③ 墙柱模板保温采用模板背面填加阻燃草帘被。

④ 外架四周采用彩条布全封闭围挡（彩条布设置在爬架内侧，设置层数一般作业层加上下层，即不少于三层围挡）。

⑤ 冬期混凝土强度增长比较慢，因此严禁在结构未达到规定强度时承受荷载，或提前拆除支撑。

⑥ 保温拆除：混凝土内外无温差，混凝土强度基本达到临界强度后，方可拆除保温层。

⑦ 冬期施工禁止浇水养护。

12.4.4 砌筑工程

(1) 普通砖、多孔砖砌筑前应清除表面污物、冰雪等，不得使用遭水浸和受冻后的砖。

(2) 砌筑工程冬期施工应优先选用外加剂法。砂浆试块留置除按常温要求外，尚应增设不少于两组与砌体同条件养护的试块，分别用于检验各龄期强度和转入常温28d的砂浆强度。

(3) 砌筑时砂浆温度不应低于5℃，外加剂溶液应专人配制，并应先配制成规定浓度溶液置于专用容器中，再按规定加入搅拌机中拌制成所需砂浆。采用氯盐砂浆时，砌体中钢筋应先做好防腐处理。每日施工高度应不超过1.2m，墙体留洞距交接墙处应不小于50cm。

12.4.5 防水工程

(1) 冬期防水施工应选择无风晴朗的天气进行，并应根据使用的防水材料控制其施工气温界限，以及利用日照条件提高面层温度。

(2) 防水材料选用原则：能冬期施工（热熔法施工温度不低于－10℃）；施工周期

短；符合设计要求。

（3）涂刷基层处理剂应使用快挥发的溶剂配制，涂刷后应干燥10h以上，干燥后应及时铺贴。

（4）铺贴卷材采用满粘法，卷材搭接横向不小于150mm，纵向不小于100mm，并应符合设计规定。

（5）铺贴卷材时采用喷灯均匀加热基层和卷材，喷灯距卷材距离0.5m，不得过分加热或烧穿，应待卷材表面熔化后缓慢地滚铺铺贴。

（6）卷材搭接时采用喷灯均匀加热搭接部位，趁卷材熔化尚未冷却时，用铁抹子把接缝边抹好，再用喷灯均匀细致地密封。

13 检验和试验

13.1 材料、半成品进货检验与试验

（1）检验程序如图 13-1 所示。

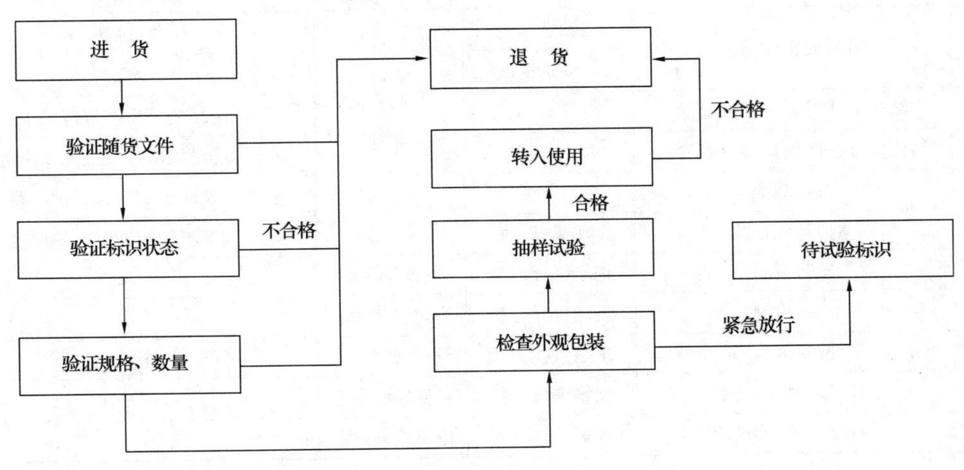

图 13-1 检验程序

（2）按有关设计图纸、技术文件、标准规范、合同和技术协议所指定的有关标准确认的检验规程实施检验和验证。

13.2 过程检验和试验

（1）检验标准：按照国家和当地相关标准进行检验。

（2）检验程序：项目工序完成，操作人员进行“自检”合格后，由项目总工程师组织进行检验，关键工序和特殊工序检验应由项目总工程师亲自会同经理部专职质检员进行检验，合格后，通知监理工程师进行检验。

（3）在施工过程中设置的见证点和停止点必须由施工方、监理工程师共同检验认可，并做好签认。

① 工程见证点设置为定位轴线、标高、主体结构等。此类见证点必须由施工方质量检查员、监理工程师到场共同检验认可。

② 工程停止点设置为混凝土、钢筋、各种预埋件、模板安装检验等。进行此类监督点作业前，工序负责人应按规定时间提前通知质检员、监理工程师到现场共同检验，并做好签认。

（4）对直接影响成品质量的过程参数和产品特性进行监控，发现异常立即反馈加以纠正。

（5）只有在完成规定的检验和试验或必需的报告得到认可入库后，产品才能转入下一道工序。

13.3 最终检验与试验

最终检验与试验表见表13-1。

表13-1 最终检验与试验表

序号	检测内容	检测方法	检测单位	预计检测数量
1	桩基完整性检测	钻芯法	共同委托第三方有资质的单位	不少于总桩数的10%
		声波透射法		全部
2	结构实体混凝土强度检测	回弹检测		分不同的结构部位按规范要求进行
3	结构实体钢筋保护层厚度检测	磁波透测		分不同的结构部位按规范要求进行
4	沉降观测	高精度测量		施工中及竣工后，直到沉降稳定
5	室内环境检测	现场采样分析		按照不同装饰情况抽样
6	气象防雷测试	现场采样分析	气象检测站	一次
7	消防检测	现场采样分析	消防检测中心	一次
8	电梯安全检测	现场采样分析	技术监督局	全数
9	石材放射性检测	现场采样分析	建材检测中心	抽样一次
10	砂石料放射性检测	现场采样分析	建材检测中心	抽样一次

13.4 见证取样

（1）监理单位见证取样主要内容

根据相关法规、规范规定，对如下试块、试件和材料必须实施见证取样和送检：

① 混凝土试块，包括基础、主体、装饰、屋面工程所有混凝土；

② 墙体砌筑砂浆试块；

③ 钢筋原材及焊接连接试件，包括闪光对焊、电渣压力焊、直螺纹连接；

④ 墙体砖、砌块，包括多孔砖、混凝土加气砌块；

⑤ 水泥，包括基础、主体、装饰、屋面工程所有使用水泥；

⑥ 防水材料，包括屋面、厕浴间等使用的所有防水材料；

⑦ 门窗三性试验，包括抗风压性能、气密性、水密性；

⑧ 后置埋件、墙拉筋的抗拔试验；

⑨ 实体检测试验；

⑩ 国家规定必须实行见证取样和送检的其他试块、试件和材料。

（2）凡涉及结构安全的试块、试件和材料见证取样和送样的比率不得少于有关技术标准规定应取数量的30%。

14 安全生产、文明施工

14.1 安全生产组织机构

（1）施工单位经理负责，由项目总工程师、项目土建生产副经理、项目安装生产副经理、项目装饰生产副经理、各专业施工员、安全员等管理人员组成工程的安全管理组织机构。

（2）安全管理机构见图 14-1。

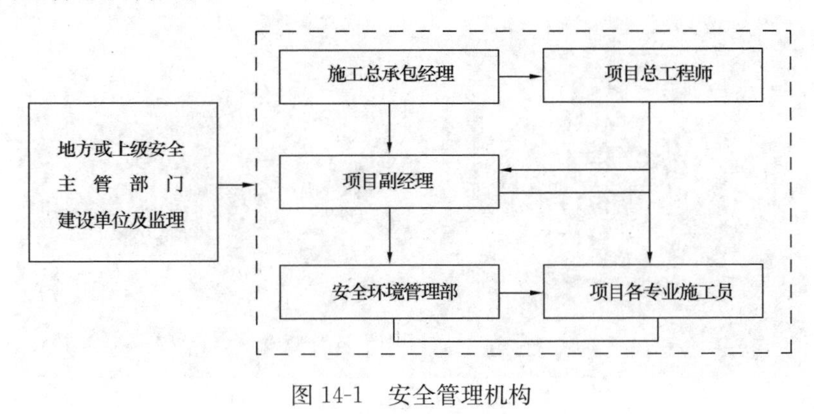

图 14-1 安全管理机构

14.2 安全生产职责

（1）项目经理全面负责施工现场的安全措施、安全生产等，保证施工现场安全。

（2）分管安全副经理直接对安全生产负责，督促施工全过程的安全生产，纠正违章，配合有关部门排除施工不安全因素，安排项目经理部安全活动及安全教育的开展，监督劳保用品的发放和使用，并按规定组织检查，做好记录。

（3）项目总工程师：

① 项目总工程师对安全生产负领导责任。

② 负责贯彻安全生产方针政策，严格执行安全消防技术规程、规范、标准。

③ 协助项目经理制定项目安全生产管理办法和各项规章制度，并监督实施。

④ 组织项目技术人员编制安全技术措施和分部工程安全方案，督促安全措施落实，解决施工过程中不安全的技术问题。

⑤ 参加每周一次的安全检查，对不安全因素定时、定人、定措施予以解决，并落实、检查。

14.3　安全防护措施

14.3.1　基坑边坡防护措施

（1）土方开挖阶段需对基坑边坡进行防护，防护措施如下：

① 基坑防护用钢管打入地面 50～70cm，钢管离边口的距离不应小于 50cm。

② 雨期施工期间基坑周边必须要有良好的排水系统和设施。

③ 开挖槽、坑、沟深度超过 1.5m 时，应设置人员上下坡道或爬梯，爬梯搭设形式同基坑防护，爬梯两侧应用密目网封闭，夜间应悬挂红灯示警。

④ 基坑周围严禁超堆荷载。基坑（槽）边堆置各类建筑材料的，应按规定距离堆置。各类施工机械距基坑（槽）边的距离，应根据设备质量、基坑（槽）支护、土质情况确定，并不得小于 1.5m。土方开挖基坑临边防护示意图如图 14-2～图 14-4 所示。

图 14-2　安全护栏

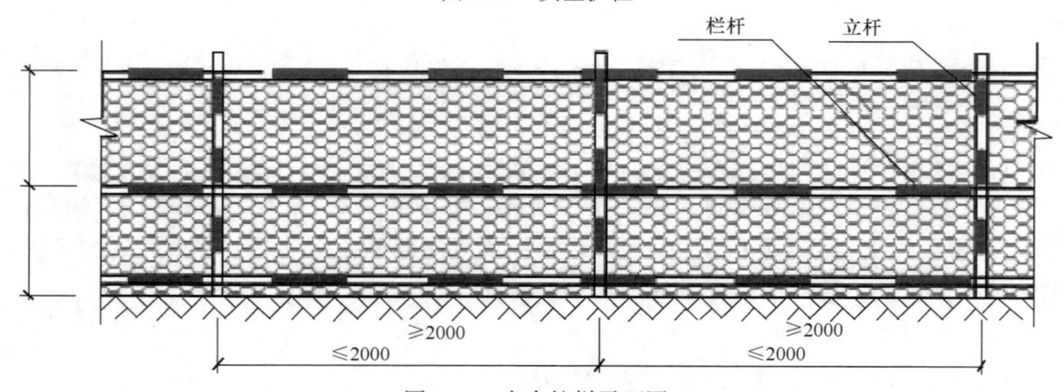

图 14-3　安全护栏平面图

注：基坑临边防护除用钢管作栏杆外还要用密目网或踢脚板（脚手板）做挡板。

14.3.2　安全用电

1）安全用电技术管理

（1）施工现场用电须编制专项施工组织设计，并经监理工程师批准后实施。

（2）施工现场临时用电按有关要求建立安全技术档案。

（3）用电由具备相应专业资质的持证专业人员管理。

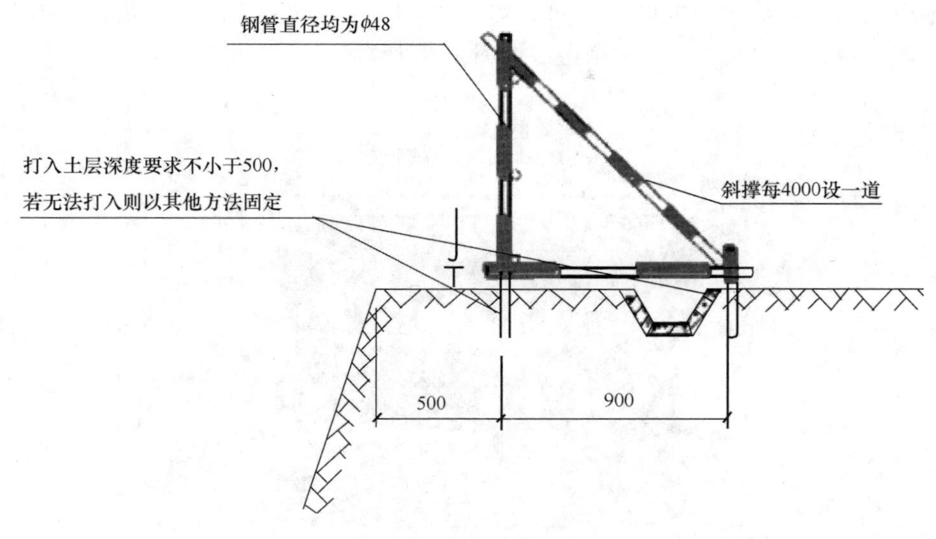

图 14-4　基坑防护示意图

（4）用电设施的运行及维护人员必须具备的条件：经医生检查无妨碍从事电气工作的病症；掌握必要的电气知识，考试合格并取得合格证书；掌握触电解救法和人工呼吸法；新参加工作的维护电工、临时工、实习人员，上岗前必须经过安全教育，考试合格后在正式电工带领下，方可参加指定的工作。

（5）恶劣天气易发生断线、电气设备损坏、绝缘降低等事故，应加强巡视和检查。

（6）架空线路的巡视和检查，每季不应少于 1 次，配电盘应每班巡视检查 1 次。

（7）各种电气设施应定期进行巡视检查，每次巡视检查的情况和发现的问题应记入运行日志内。

（8）接地装置应定期检查，配电所内必须配备足够的绝缘手套、绝缘杆、绝缘垫、绝缘台等安全工具及防护设施。

（9）供用电设施的运行及维护，必须配备足够的常用电气绝缘工具并按有关规定，定期进行电气性能试验，电气绝缘工具严禁挪作他用。

（10）新设备和检修后的设备，应进行 72h 的试运行，合格后方可投入正式运行。

（11）现场需要用电时，必须提前提出申请，经用电安全部门批准，通知维护班组进行接引。接引电源工作，必须由维护电工进行，并应设专人进行监护。施工用电用毕后，由施工现场用电负责人通知维护班组进行拆除。严禁非电工拆装电气设备，严禁乱拉乱接电源。配电室和现场的开关箱、开关柜应加锁。电气设备明显部位应设“严禁靠近，以防触电”的标志。施工现场大型用电设备等，设专人进行维护和管理。

2）常用电气设备

（1）配电箱和开关箱

配电箱及开关箱的设置：现场应设总配电箱（或总配电室），总配电箱以下设分配电箱，分配电箱以下设开关箱，开关箱以下就是用电设备。配电箱及开关箱的安装要求：配电箱、开关箱的安装高度为箱底距地面 1.3～1.5m，箱体材料应选用铁板，亦可选用绝缘板，开关箱与用电设备之间应实行“一机、一闸、一漏、一箱、一销”的原则。总配电箱、分配电箱、开关箱做法如图 14-5 所示。

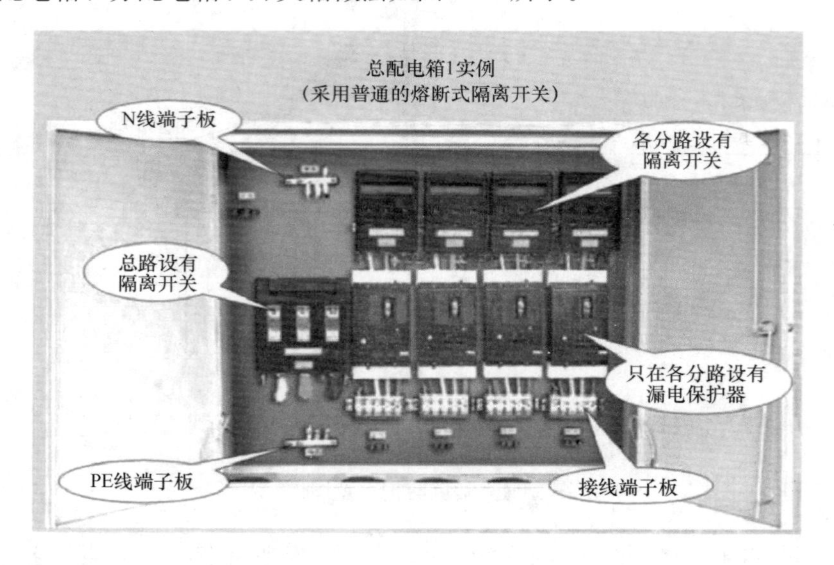

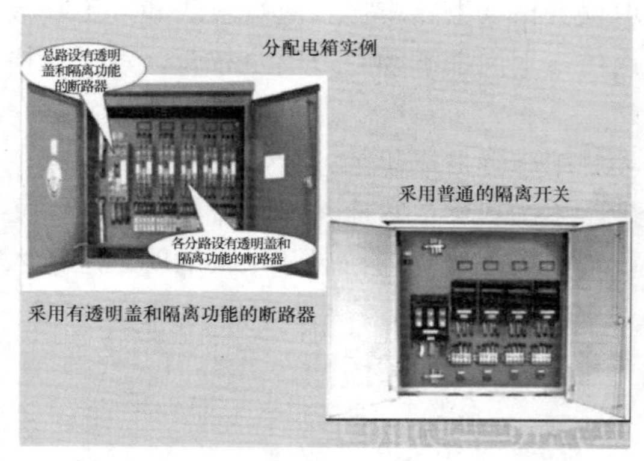

图 14-5　总配电箱、分配电箱、开关箱做法

（2）电焊机

布置在室外的电焊机应设置在干燥场所，并应设棚遮蔽。焊接现场不准堆放易燃易爆物品。交流弧焊机变压器的一次侧电源线长度应不大于 5m，进线处必须设置防护罩。

（3）漏电保护器

在潮湿的环境时，漏电保护器采用防溅型，其额定漏电动作电流不大于 15mA，额定漏电动作时间应小于 0.1s。

3）照明

（1）照明灯具和器材必须绝缘良好，并应符合现行国家有关标准的规定。

（2）照明线路布线整齐，相对固定。室内安装的固定式照明灯具悬挂高度不得低于 2.5m，室外安装的照明灯具不得低于 3m。安装在露天作业场所的照明灯具应选用防水型灯头。

（3）现场办公室、工作棚内照明线，应使用橡胶套软电缆或塑料护套线，且应固定在绝缘子上，穿过墙壁时应套绝缘管。

（4）照明电源线不得接触潮湿地面，并不得接近热源和直接挂在金属架上，在脚手架上空装临时照明时，应设木横担和绝缘子。

（5）照明开关应控制相线，当采用螺口灯头时，相线应接在中心触头上。

14.3.3 脚手架安全防护措施

（1）脚手架搭设人员必须是经过按《特种作业人员安全技术培训考核管理规定》考核合格的专业架子工。上岗人员应定期体检，合格者方可持证上岗。

（2）搭设脚手架人员必须戴安全帽、系安全带、穿防滑鞋。

（3）脚手架的构配件质量与搭设质量，按规范规定进行检查验收，合格后方准使用。

（4）作业层上的施工荷载应符合设计要求，不得超载。不得将模板支架、缆风绳、泵送混凝土和砂浆的输送管等固定在脚手架上；严禁悬挂起重设备。

（5）当有六级及六级以上大风和雾、雨、雪天气时应停上脚手架搭设与拆除作业。雨、雪后上架作业应有防滑措施，并应扫除积雪。

（6）脚手架的安全检查与维护，应按规范的规定进行。安全网应按有关规定搭设或拆除。

（7）在脚手架使用期间，严禁拆除下列杆件：

① 主节点处的纵、横向水平杆，纵、横向扫地杆；

② 连墙件。

（8）不得在脚手架基础及其邻近处进行挖掘作业，否则应采取安全措施，并报监理工程师批准。

（9）临街搭设脚手架时，外侧应有防止坠物伤人的防护措施。

（10）在脚手架上进行电、气焊作业时，必须有防火措施和专人看守。

（11）在带电设备附近搭、拆脚手架时，宜停电作业。在带电架空线路附近作业时，脚手架外侧与外架带电线路应保持一定的安全距离（10kV 以下时，应大于 6.00m；1kV 以下时，应大于 4.00m）。

（12）现场内及现场周边塔吊覆盖内的外电需做防护设施，防护设施使用非导电材料并考虑到防护棚本身的安全（防风、防大雨、防雪等）。

（13）防护棚架设置醒目的有电警示牌及安全标志，顶部各端头设置红色警示旗，并按 3m 间距设置红色警示灯。

（14）脚手架必须配合进度搭设，一次搭设高度不超过相邻连墙件以上两步。

（15）每搭完一步脚手架后，应按规范校正步距、纵距、横距及立杆垂直度。

（16）拆除脚手架前的准备工作应符合下列规定：

① 应全面检查脚手架的扣件连接、连墙件、支撑体系等是否符合构造要求；

② 应根据检查结果补充完善施工组织设计中的拆除顺序和措施，经主管部门批准后方可实施；

③ 应由单位工程负责人进行拆除安全技术交底；

④ 应清除脚手架上杂物及地面障碍物。

（17）拆除脚手架时，应符合下列规定：

① 拆除作业必须由上而下逐层进行，严禁上下同时作业；

② 连墙件必须随脚手架逐层拆除，严禁先将连墙件整层或数层拆除后再拆脚手架；分段拆除高差不应大于两步，如高差大于两步，应增设连墙件加固；

③ 当脚手架拆至下部最后一根长立杆的高度（约 6.5m）时，应先在适当位置搭设临时抛撑加固后，再拆除连墙件；

④ 当脚手架采取分段、分立面拆除时，对不拆除的脚手架两端，应先按规范的规定设置连墙件和横向斜撑加固。

（18）卸料时应符合下列规定：各构配件严禁抛掷至地面；运至地面的构配件应按规范的规定及时检查、整修与保养，并按品种、规格随时码堆存放。

（19）水平挑网：高层建筑每隔 3 层及不小于 10m 高度还应固定一道水平安全网，挑出距离不小于 3m。支搭的水平安全网直至无高处作业时方可拆除，如图 14-6 所示。

图 14-6　高层防护网

（20）脚手架内网设置如图 14-7 所示。

（21）脚手架安全色踢脚板如图 14-8 所示。

（22）剪刀撑

① 剪刀撑的设置应符合下列规定：每道剪刀撑宽度应不小于 4 跨，且应不小于 6m，斜杆与地面的倾角宜在 45°～60°之间。架高 20.0m 以上时，从两端每 7 根立杆（一组）从下到上设连续式的剪刀撑；高度在 24m 以下的，均必须在外侧立面的两端各设置一道剪刀撑，并应由底至顶连续设置；中间各道剪刀撑之间的净距应不大于 15m。

② 高度在 24m 以上的脚手架，必须在外侧立面的全幅范围内连续设置剪刀撑，见图 14-9。

（23）斜道

① 人行并兼作材料运输的斜道的形式宜按下列要求确定：高度不大于 6m 的脚手架，宜采用一字形斜道；高度大于 6m 的脚手架，宜采用之字形斜道。

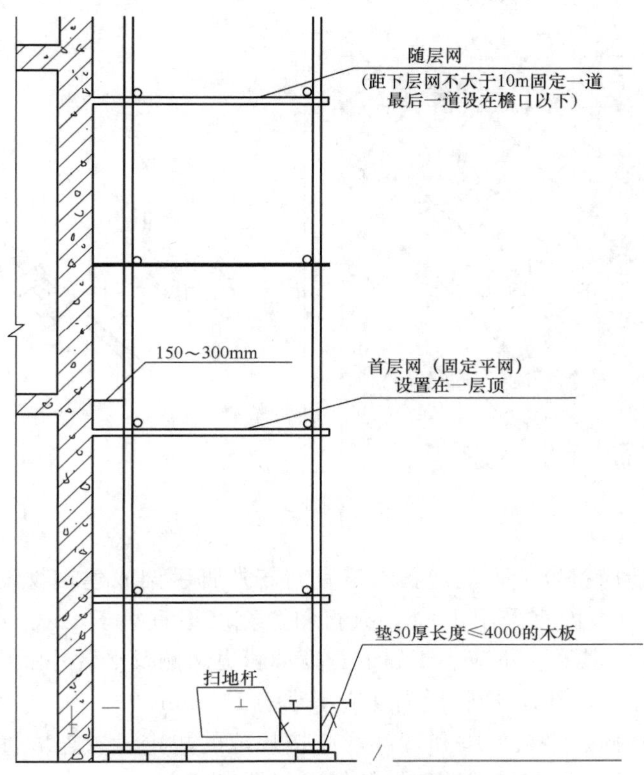

图 14-7 脚手架内网设置图

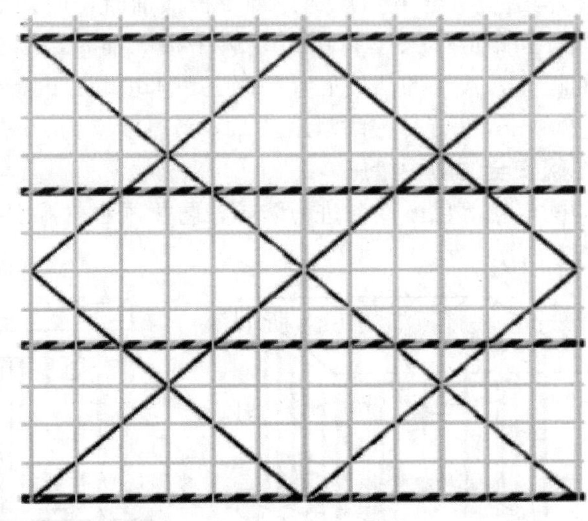

图 14-8 脚手架安全色踢脚板示意图

注：1. 安全色踢脚板涂黄黑漆。
2. 踢脚线不少于 3 道，均等间距设置。
3. 落地式脚手架第一道踢脚板原则从二层设置，每 3 层设置一道。
4. 悬挑脚手架从悬挑型钢上的扫地杆开始设，每 3 层设置一道。
5. 爬架上、中、下各设置一道。

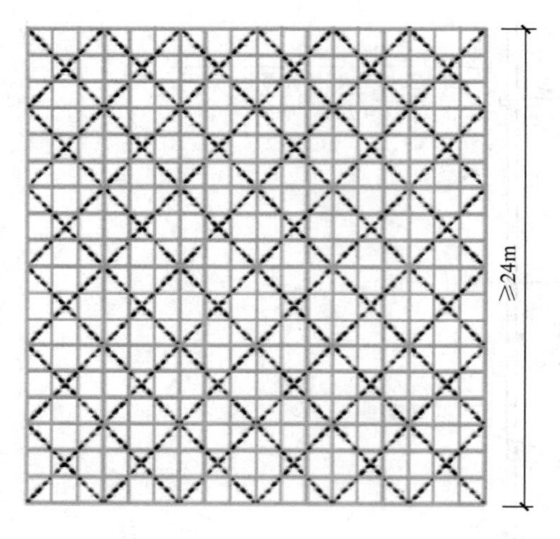

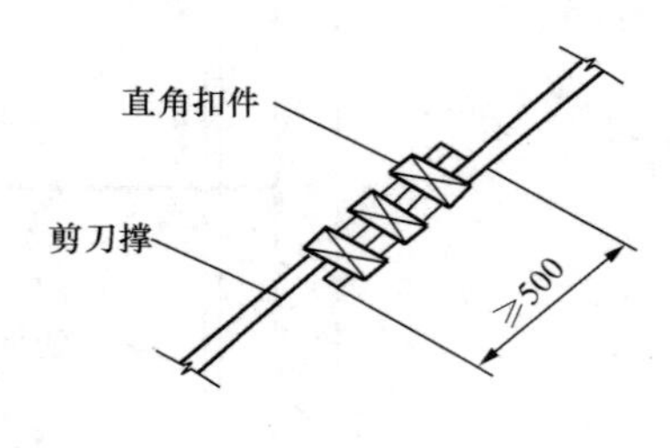

图 14-9 剪刀撑连接做法

② 斜道的构造应符合下列规定：斜道宜附着外脚手架或建筑物设置；运料斜道宽度不宜小于 1.5m，坡度宜采用 1∶6，人行斜道宽度不宜小于 1m，坡度宜采用 1∶3；拐弯处应设置平台，其宽度不应小于斜道宽度；斜道两侧及平台外围均应设置栏杆及挡脚板，栏杆高度应为 1.2m，挡脚板高度应不小于 180mm。

③ 运料斜道两侧、平台外围和端部均应按规范的规定设置连墙件；每两步应加设水平斜杆；应按规范的规定设置剪刀撑和横向斜撑。

④ 斜道脚手板构造应符合下列规定：脚手板横铺时，应在横向水平杆下增设纵向支托杆，纵向支托杆间距应不大于 500mm；脚手板顺铺时，接头宜采用搭接；下面的板头应压住上面的板头，板头的凸棱处宜采用三角木填顺；人行斜道和运料斜道的脚手板上应每隔 250～300mm 设置一根防滑木条，木条厚度宜为 20～30mm。

14.3.4 外电网安全的防护措施

(1) 对所有的配电箱等供电设备进行防护，防止雨水打湿引起漏电和人员触电，配电箱防护如图 14-10 所示。

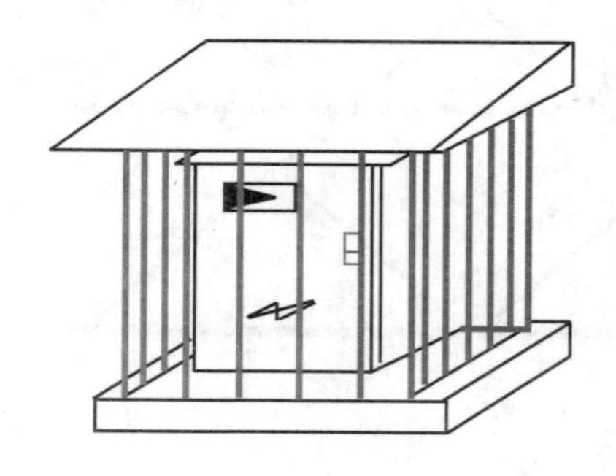

图 14-10 配电箱防护示意图

(2) 高压输电线路附近的强电场作用，可以对人体构成潜在的危害。为了确保施工现场用电安全，防止外电线路对施工人员的伤害，根据《施工现场临时用电安全技术规范》(JGJ 46—2005) 的规定，在建工程（含脚手架具）的外侧边缘与外电架空线路的边线之间必须保持最小安全操作距离。

（3）由于受施工现场在建工程位置限制而无法保证规定的安全距离，为了确保施工安全，则必须采取防护性遮拦、栅栏，以及悬挂警告标志牌等防护措施。显然，外电线路与遮挡、栅栏之间也有安全距离问题，这个安全距离是搭设遮拦、栅栏等防护设施的依据条件。

（4）高压线过路防护

① 防护遮拦、栅栏的搭设可用竹、木脚手架杆作防护立杆、水平杆；可用木板，竹排或干燥的荆笆、密目式安全网等作纵向防护屏。

② 各种防护杆的材质及搭设方法应按竹木脚手架施工的有关安全技术标准进行。

③ 搭设和拆除时，应有专职的电气技术人员进行停电作业，金属制成的防护屏障应做可靠接地和接零。

④ 搭设防护遮拦、栅栏应有足够的机构强度和耐火性能，金属制成的防护屏障应做可靠接地和接零。

14.3.5 钢筋加工防护棚

钢筋加工棚规格尺寸根据现场实际情况设置，参照图14-11规范搭设。使用前先刷黄黑相间漆，间隔0.5m（漆的颜色和间隔距离也可依据地方规定执行）。

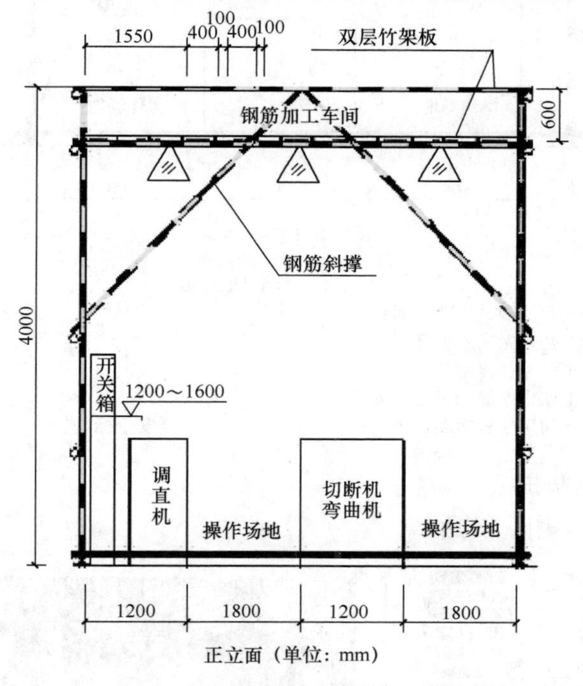

图14-11 钢筋加工防护棚示意图

注：1. 防护棚钢管均刷黄黑漆，间距500mm。
2. 防护板上必须做防水处理。
3. 钢筋棚正面悬挂警示牌。
4. 每个钢筋棚设一组灭火器。
5. 双层竹笆间用模板封闭，表面粘贴广告布，上面印制安全标语。

搭设形式及要求如下：搭设时，要求选用定尺钢管，长短一致。钢管横平竖直，扣件上紧。上、下层满铺竹笆，竹笆间不得留有空隙，竹笆与钢管用铁丝绑扎牢固，竹笆边缘成一条直线，并悬挂安全宣传图画。为了防止雨水进入，上层竹笆必须做防水处理，正面张挂安全警示牌及“钢筋加工车间”标志牌，侧面张挂安全标语。

14.3.6 木工加工棚

木工加工棚根据实际情况现场搭设，其他要求同钢筋加工棚，如图 14-12 所示。

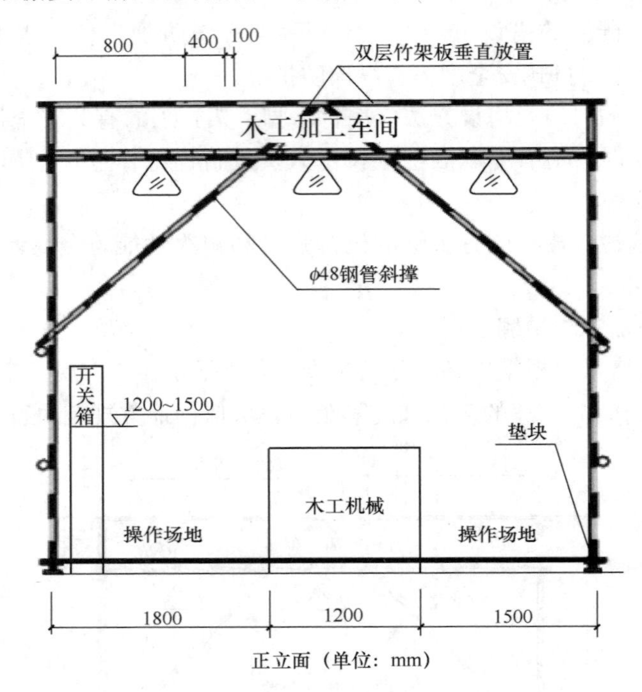

图 14-12 木工加工棚

注：1. 防护棚钢管均刷黄黑漆，间距 500mm。
2. 防护板上必须做防水处理。
3. 木工棚正面悬挂警示牌。
4. 每个木工棚根据面积设置灭火器。
5. 双层竹笆间用模板封闭，表面粘贴广告布，上面印制安全标语。

14.3.7 圆盘锯防护板

圆盘锯防护板如图 14-13 所示。

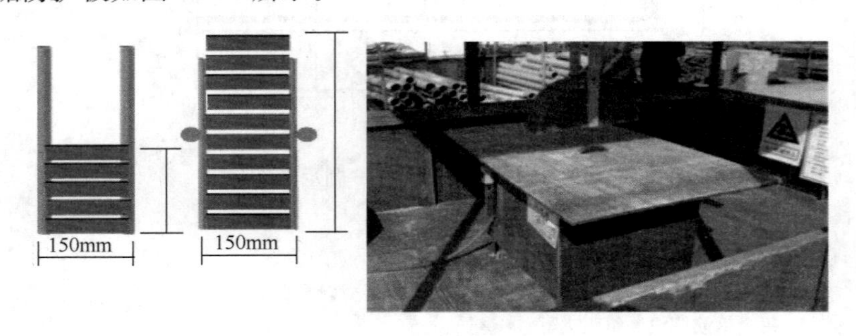

图 14-13 圆盘锯防护板

14.3.8 搅拌机防护棚

搅拌机防护棚长度规格根据实际情况设定。使用前先刷黄黑相间漆，间隔 0.5m（漆的颜色和间隔距离也可依据地方规定执行）。

搭设形式及要求如下：搭设时，要求选用定尺钢管，长短一致。钢管横平竖直，扣件上紧。上、下层满铺竹笆，竹笆间不得留有空隙，竹笆与钢管用铁丝绑扎牢固，竹笆边缘成一条直线。防护棚内侧面用密目安全网封闭，并悬挂安全宣传图画。为了防止雨水进入，上层竹笆必须做防水处理，正面张挂安全警示牌及安全标语，如图 14-14 所示。

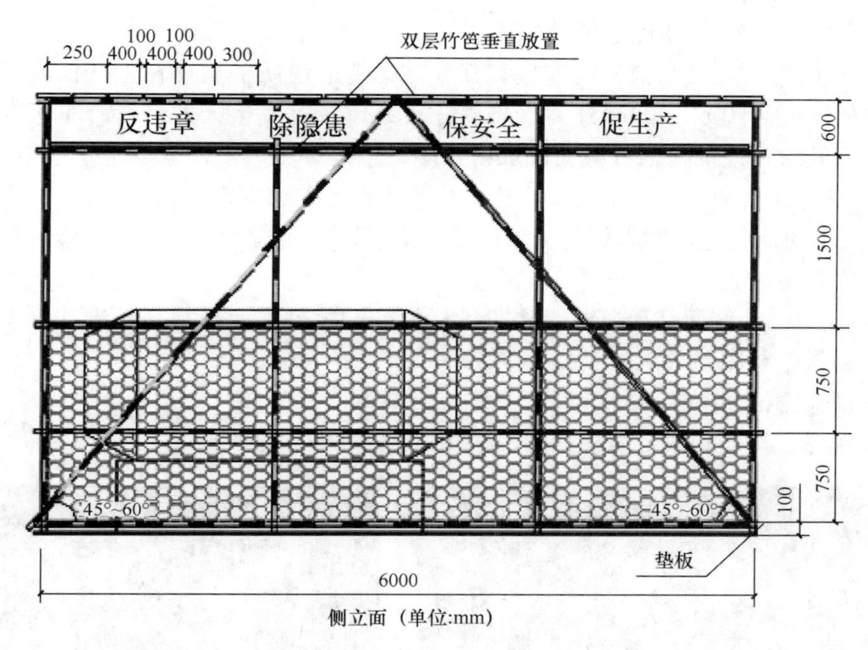

图 14-14　搅拌机防护棚

注：1. 防护棚钢管均刷黄黑漆，间距 500mm。
2. 防护板上必须做防水处理。
3. 搅拌机防护棚正面悬挂警示牌。
4. 双层竹笆间用模板封闭，表面粘贴广告布，上面印制安全标语。

14.3.9 四口、五临边防护

（1）四口是指楼梯口、电梯井口、预留洞口、通道口；五临边是指平台边、楼层边、屋面边、基坑边和楼梯侧边。

（2）防护范围：基坑周边、尚未安装栏杆或栏板的阳台、料台与挑平台周边，雨篷与挑檐边，无外脚手架的屋面与楼层周边及水箱与水塔周边等处，都必须设置防护栏杆。

（3）防护栏杆应由上、下两道横杆及栏杆组成，上杆离地面高度为 1.0～1.2m，下杆离地面高度为 0.5～0.6m。坡度大于 1∶2.2 的屋面，防护栏杆应高 1.5m，并加挂安全立网。除经设计计算外，横杆长度大于 2m 时，必须加设栏杆柱。

（4）一层墙高度超过 3.2m 的层楼面周边，以及无外脚手架的高度超过 3.2m 的楼面周边，必须在外围架设安全平网一道。

（5）地面通道上部应装设安全防护棚。

（6）材料用钢管，使用前先刷红白相间漆，间隔 0.5m（漆的颜色和间隔距离也可依据地方规定执行）。

（7）屋面和楼层防护

① 屋面或楼面防护时，立杆必须与楼面固定。当在混凝土楼面、屋面或墙面固定时，可采用预埋件与钢管或钢筋焊牢。

② 当在砖或砌块等砌体上固定时，可预先砌筑规格相适应的 80×6 弯转扁钢作预埋铁的混凝土块，然后用上述方法固定。

③ 栏杆的固定及其与横杆的连接，其整体构造应使防护栏杆在上杆任何处能经受任何方向的立网封闭或 1000N 外力。当栏杆所处位置有发生人群拥挤、车辆冲击或物体碰撞等问题时，应加大横杆截面或加密柱距。

④ 防护栏杆必须自上而下用安全栏杆，下边设置严密固定的高度不低于 18cm 的挡脚板或 40cm 的挡脚笆，挡脚板与挡脚笆上如有孔眼，不应大于 25mm，板与笆下边距离底面的空隙不应大于 10mm。

⑤ 当临边的外侧面临街道时，除防护栏杆外，敞口立面必须采取满挂安全网或其他可靠措施做全封闭处理。

⑥ 踢脚板刷红白相间漆，间隔 200mm。

（8）楼梯、楼层和阳台防护如图 14-15、图 14-16 所示。

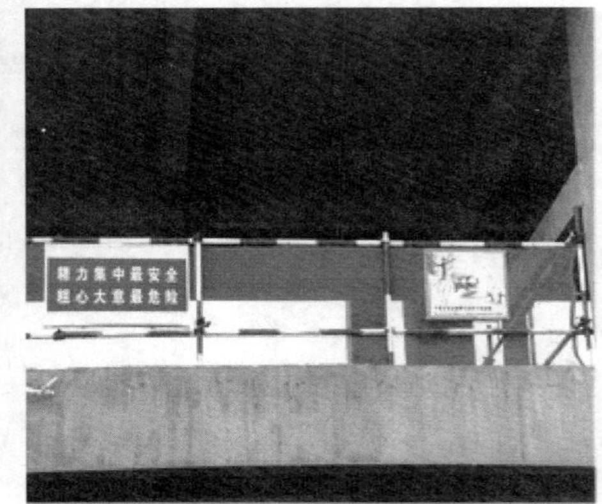

图 14-15　楼层间防护

（9）孔洞口防护

① 板与墙的洞口，必须设置牢固的盖板、防护栏杆、安全网或其他防坠落防护设施。

② 施工现场通道附近的各类洞口与坑槽等处，除设置防护设施与安全标志外，夜间还应设红灯示警。

③ 降水井口、人孔、天窗、地板门等处，应按洞口的防护设置稳固的盖板。

④ 楼板、屋面和平台等面上短边尺寸小于 25cm 但大于 2.5cm 的孔口，必须用坚

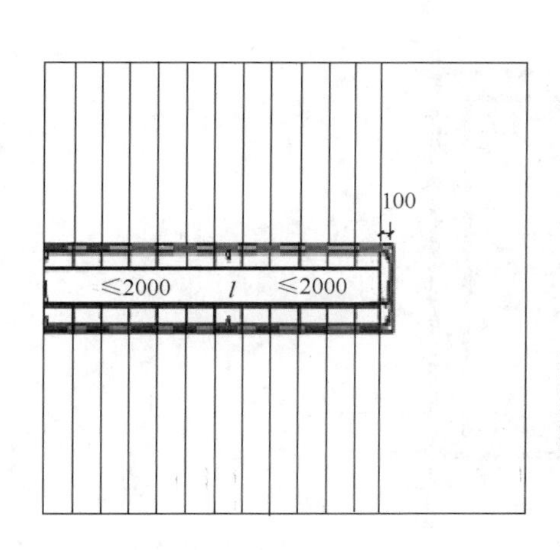

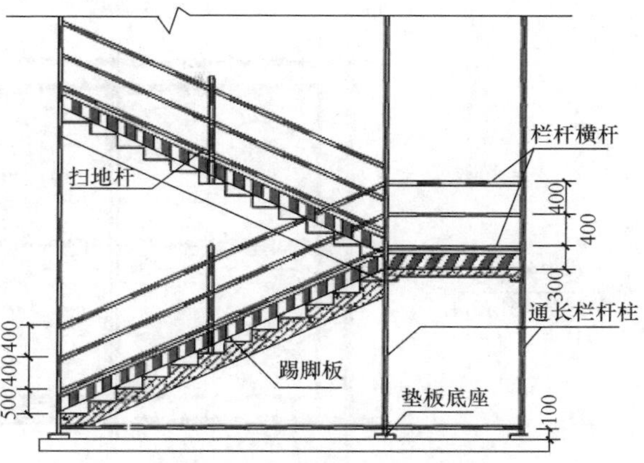

注：楼梯边加设安全立网或设宽度不小于200、厚度不小于25的踢脚板。

图 14-16　楼梯、楼层和阳台防护

实的盖板，盖板应能防止挪动移位。

⑤ 楼板面等处边长为 25～50cm 的洞口、安装预制构件时的洞口以及缺件临时形成的洞口，可用竹、木等做盖板，盖住洞口。盖板须能保持四周搁置均衡，有固定其位置的措施，并设置警示标志。

⑥ 边长为 50～150cm 的洞口，必须设置扣件扣接钢管而成的网格，并在其上满铺竹笆或脚手板，也可采用贯穿于混凝土板内的钢筋构成防护网，钢筋网格间距不得大于 20cm。

⑦ 边长在 150cm 以上的洞口，四周设置防护栏杆，栏杆立面挂设密目安全网，或在栏杆底部设挡脚板（高 18cm），并刷黑黄相间漆，间隔 200mm。洞口下张设安全平网。

⑧ 墙面等处的竖向洞口，凡落地的洞口，应加装开关式或固定式的防护门，门栅网格的间距不应大于 15cm；也可采用防护栏杆，下设挡脚板。

⑨ 下边沿至楼板或底面低于 80cm 的窗台等竖向洞口，如侧边落差大于 2m 时，应加设 1.2m 高的临时护栏。

⑩ 管道井施工时，除按上款设防外还应加设明显的标志。洞口防护如图 14-17、图 14-18所示。

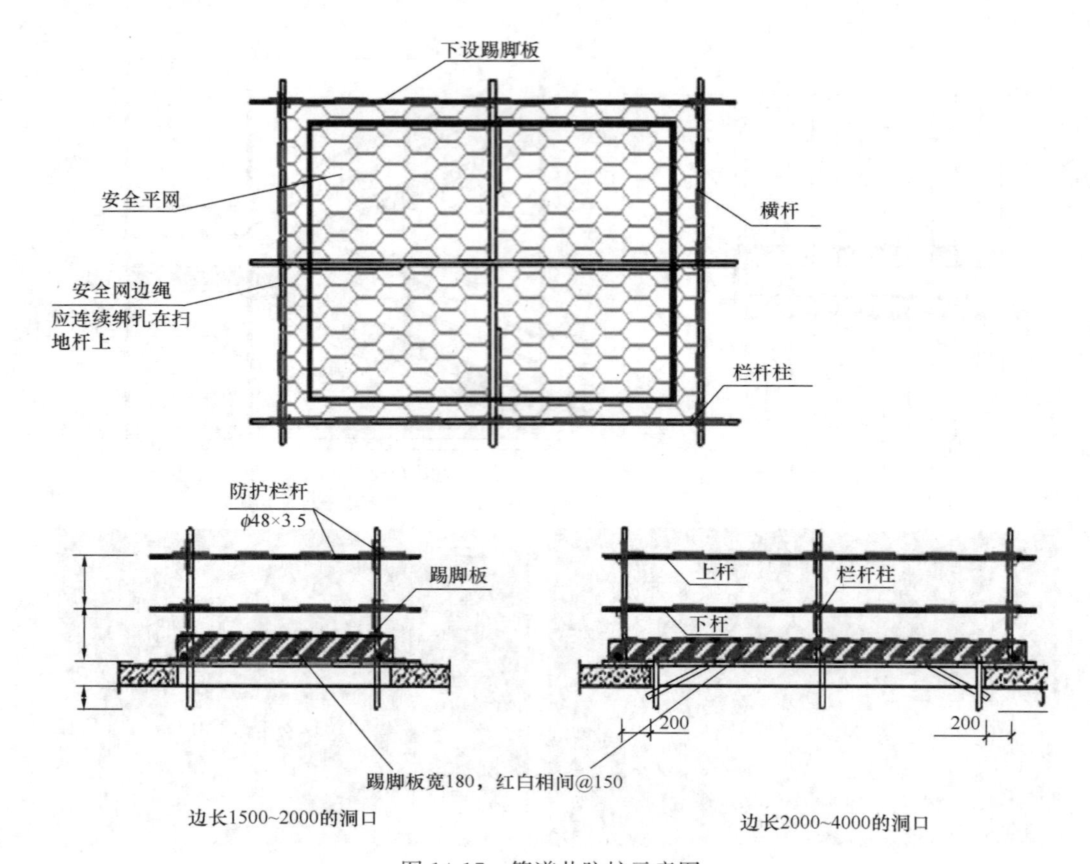

图 14-17　管道井防护示意图

图 14-18　电梯井防护实物图

⑪ 管道井必须采取有效防护措施，防止人员、物体坠落。墙面等处的竖向洞口必须设置固定式防护门或设置两道防护栏杆。

⑫ 结构施工中电梯井和管道竖井不得作为垂直运输通道和垃圾通道。

⑬ 因施工需要临时拆除洞口、临边防护的，必须设专人监护，监护人员撤离前必须将原防护设施复位。

⑭ 结构施工的后浇带处必须加固定盖板防护。

15 房建工程资料及文件管理

房建工程资料及文件管理遵照《建筑工程施工技术资料管理规程》《公路建设项目文件材料立卷归档管理办法》《交通建设项目档案管理登记办法》《交通建设项目档案专项验收办法》《交通档案进馆办法》等执行。

15.1 资料的真实性与准确性

（1）各种工程资料的数据应符合且满足规范要求，在施工过程中，检测人员应严格把关，真实地反映检验和试验的数据。同时监理单位确认检验和试验的结果，并真实记录。

（2）结构、水、电、设备的隐蔽记录要与施工资料时间相吻合，要能表明隐蔽工程的数量与质量状况；均压环的设备也要纳入隐蔽记录，隐蔽记录要能覆盖工程所有部位，对重要部位必须保留影像资料。

（3）绝缘记录要齐全，要能覆盖所有电气回路，回路编写要清晰，与图纸要能一一对应，零线与地线间绝缘值不能漏项。

15.2 工程资料的可追溯性

（1）进货时供应商提供的原件应归入工程档案正本，并在副本中注明原件在正本；提供抄件的应要求供应商在抄件上加盖印章，注明所供数量、供货日期、原件何处，抄件人应签字。

（2）重要部位的使用材料应在原件或抄件上注明用途，使其具有追溯性。设备运转记录应一机一表。设备安装记录表格要有试运转表格，并记录安装各程序的情况等，如设备基础验收、设备开箱检查、划线定位、找正找平、拆卸清洗、联轴器同心度、隐蔽工程等均不可缺少。

（3）对于用计算机采集、存储的数据及编制的报告和工程资料，必须有相关责任人签字，以保证资料的可追溯性。

15.3 工程资料的签认和审批

（1）各种工程资料只有经过相应人员的签认或审批后才视为有效。

（2）施工组织设计要经过相关部门会签和总工审批，要有监理单位的审核同意。重要的施工方案、作业指导书要送监理单位确认。

（3）各种试验和检验报告签字要齐全。

（4）工程文件内容必须真实、准确，与工程实际相符；工程文件应采用耐久性的书写材料。

（5）所有竣工图均应加盖竣工图章。凡施工图结构、工艺、平面位置等有重大改变或变更部分超过图面 1/3 的，应重新绘制竣工图。

附录 1　机械设备日常管理

附表 1-1　机械设备日常管理

序号	项目	具体要求
1	机械设备台账	机械设备经安装调试完毕，确认合格并投入使用后，由项目经理部设备管理员登记进入项目机械设备台账备案。对台账内的大型机械建立技术档案，档案中包括：原始技术资料和验收凭证、建设主管部门颁发的设备编号及经劳动局检验后出具的安全使用合格证、保养记录统计、历次大中修改造记录、运转时间记录、事故记录及履历资料等
2	“三定”制度	由项目设备管理员负责贯彻落实机械设备的“定人、定机、定岗位”的“三定”制度，填写机械设备三定登记表并备案
3	安全技术交底制度	机械设备操作人员实施操作之前，由项目设备管理员/安全工程师对机械设备操作人员进行安全技术交底
4	定期检查保养制度	1. 机械工程师在每月月初编制机械设备维修保养计划，由设备管理员负责组织、监督专人实施并做好设备的保养检查记录。 2. 对分包商提供的设备由分包商编制月度维修保养计划并交至生产设备现场管理部处存档，由设备管理员督促实施并做好记录。 3. 机械设备的修理由设备管理员督促设备供应商的专业人员进行，并填写“机械设备维修记录”存档备查。 4. 严格遵守维护保养制度，根据情况每天或每月留出必要的保养时间，保证机械设备的正常运转。 5. 由于机械设备发生故障造成事故时，设备管理员应认真填写施工设备事故报告单，报告生产设备现场管理部经理，认真、及时处理

附录 2 检验试验项目、内容

附表 2-1 检验试验项目、内容

<table>
<tr><th>序号</th><th>项目</th><th colspan="2">内容</th></tr>
<tr><td rowspan="2">1</td><td rowspan="2">钢筋</td><td>取样标准</td><td>原材料检验应以同一牌号、同一炉罐、同一规格、同一交货状态，每 60t 为一验收批，不足 60t 时也按一批验收。每一验收批取样一组，从该批钢筋中任意抽取两根钢筋，每一根钢筋各截取一根拉伸，一根弯曲试件（进口钢材需另取一根做化学分析），试件在每根钢筋距端头不小于 50cm 处截取。每组试样至少要有一条有标记。拉伸、冷弯试验不允许进行车削加工</td></tr>
<tr><td>判定</td><td>如试验中有一项试验指标达不到规范要求，则按上述取样方法双倍取样；复检中如再有一项指标不合格，则该批钢材就视为不合格</td></tr>
<tr><td rowspan="2">2</td><td rowspan="2">水泥</td><td>取样标准</td><td>袋装水泥是以同品种、同强度等级、同一厂家、同一出厂编号且连续进场的水泥，袋装不超过 200t 为一验收批。存放超过三个月的水泥必须重新检验</td></tr>
<tr><td>判定</td><td>根据水泥各项技术要求分为合格品、不合格品与废品：
（1）合格品：其中水泥各项技术指标要求符合标准中的规定为合格品。
（2）不合格品：细度、终凝时间、不溶物和烧失量中任一项不符合标准规定或混合材料掺加量最大限度和强度低于规定指标时为不合格品。
（3）废品：氧化镁、三氧化硫、初凝时间、安定性中任一项不符合标准均为废品</td></tr>
<tr><td rowspan="2">3</td><td rowspan="2">砌块</td><td>取样</td><td>以 1 万块为一验收批，随机抽样，抽取数量为 12 块</td></tr>
<tr><td>判定</td><td>如砌块检验有一项指标不合格者应取双倍复检，复检中再有指标不合格者，则该批砖为不合格</td></tr>
<tr><td>4</td><td>混凝土</td><td>试件留置</td><td>1. 每一工作班混凝土同一配合比不超过 100m³，取样不少于一组，当一次连续浇筑超过 1000m³，同一配合比每 200m³ 取样不少于一组。
2. 每一楼层同一配合比的混凝土取样不少于一组。
3. C60 及以上混凝土的取样批次可与监理单位共同协商，但同一配合比的混凝土每 50m³ 取样不少于一组。
4. 同条件养护试件的留置组数由施工工艺（施工受荷、拆模等）确定。
5. 混凝土的抗渗试件不超过 250m³，取样不少于一组；每单位工程不少于 2 组。每组试样包括强度试件、抗渗试件必须取自同一混凝土设计强度、同一抗渗等级、同一次拌制的混凝土拌合物。
6. 混凝土试件以三个试件为一组，每组所用的拌合物从同一车运送的混凝土现场随机取出。施工现场为了检查结构的拆模、施工期间临时负荷的需要，留设同条件养护的试件一组</td></tr>
</table>

续表

序号	项目	内容	
4	混凝土	试件制作	制作试件前应将试模清擦干净，并在其内壁上涂一层脱模剂。所有试件应在取样后立即制作，试件的成型方法应根据混凝土坍落度而定，因工程采用泵送混凝土，故坍落度大于 70mm，宜用捣棒人工捣实，试件应用边长 150mm 的立方体标准试件。人工插捣成型时，混凝土拌合物应分二次装入试模，每层装料厚度大致相等。插捣用的钢捣棒长为 600mm，直径为 16mm，端部应磨圆。插捣应按螺旋方向从边缘向中心均匀进行，插捣底层时，捣棒达到试模底表面，插捣上层时，捣棒应穿入下层深度为 20～30mm，插捣时捣棒保持垂直。同时用抹刀沿试模内壁插入数次，一般每 $100cm^2$ 截面面积不应少于 12 次。插捣完后，刮去多余混凝土，并用抹刀抹平
		试件养护	1. 同条件养护：试件成型后覆盖表面。试模的拆模时间可与实际构件的拆模时间相同。 2. 标准养护：采用标准养护的试件成型后覆盖表面，放在温度为（20±2)℃、相对湿度为 95%以上的标准养护控制室中，以防止水分蒸发，然后编号拆模，试件放在养护架上彼此间隔 10～20mm，并避免用水直接冲淋试件
		坍落度	商品混凝土坍落度逐车（混凝土罐车）检测
		判定	1. 和易性：坍落度筒提起后，如混凝土拌合物发生崩塌或一边剪坏现象，则应重新进行测定，如第二次试验仍出现上述现象，则表示混凝土和易性不好。 2. 黏聚性：用捣棒在已塌落的混凝土锥体侧面轻轻敲打，此时，如果锥体渐渐下沉，则表示黏聚性好，如果出现崩塌或离析则表示黏聚性不好。 3. 保水性：如有较多的稀浆从底部析出，锥体部分混凝土也因失浆而骨料外露，则表明保水性不好；反之无稀浆或仅有少量稀浆自底部析出，则表示此混凝土拌合物的保水性好。 如强度指标达不到设计要求，则为不合格，需做回弹处理。抗渗检测中如达不到设计要求则为不合格
5	砂浆	取样标准	以同一砂浆强度、同一配合比每一楼层或 $250m^3$ 为一验收批。制作试样应在搅拌处或砌筑现场抽取，所取试样的数量应多于试验用料的 1～2 倍
		试件制作	1. 砂浆试件以 6 个 7.07cm×7.07cm×7.07cm 标准试件为一组。制作试件前应将试模清擦干净，并在其内壁上涂一层脱模剂。 2. 制作砌筑砂浆试件时，将无底试模放在预先铺有吸水性较好的纸的普通砖上（砖的吸水率不小于 10%，含水率不大于 20%）。 3. 放于砖上的湿纸（宜为新闻纸或其他未粘过胶凝材料的纸）的大小要以能盖砖的四边为准，砖的使用面要求平整。 4. 向试模内一次注满砂浆，用捣棒（直径 10mm、长 350mm 的钢棒，端部应磨圆）均匀由外向里按螺旋方向插捣 25 次。为了防止低稠度砂浆插捣后可能留下孔洞，允许用油灰刀沿模壁插数次，使砂浆高出试模顶面 5～8mm。 5. 当砂浆表面开始出现麻斑状态时（15～20min），浆高出部分的砂浆沿试模顶面削去抹平
		试件养护	水泥混合砂浆在温度（20±3)℃、相对湿度 60%～80%；水泥砂浆为温度(20±3)℃、相对湿度 90%以上
		判定	强度达不到设计要求者为不合格

附录3 工程质量通病的预防措施及方案

附表3-1 主体工程质量通病的预防措施及方案

名称	质量通病预防措施及方案
模板工程	1. 梁模板 1）通病现象：梁身不平直、梁底不平及下挠、梁侧模炸模、局部模板嵌入柱梁间、拆除困难。 2）防治措施：支模时遵守边模包底模的原则，梁模与柱模连接处下料尺寸一般略为缩短；梁侧模必须有压脚板、斜撑、拉线通直后将梁模钉固。梁底模板按规定起拱；混凝土浇筑前，模板应充分用水浇透。 2. 柱模板 1）通病现象：炸模、断面尺寸鼓出、漏浆、混凝土不密实，或蜂窝麻面、偏斜、柱身扭曲。 2）防治措施：根据规定的柱箍间距要求钉牢固；成排柱模支模时，应先立两端柱模，校直与复核位置无误后，顶部拉通长线，再立中间柱模；四周斜撑要牢固。 3. 板模板 1）通病现象：板中部下挠，板底混凝土面不平。 2）防治措施：楼板模板厚度一致，搁栅要有足够的强度和刚度，搁栅面平整；支顶要符合规定的保证项目要求；板模按规定起拱
钢筋工程	1. 竖向钢筋偏位质量通病的防治措施 1）在立框架柱模板支撑系统前，宜在现浇混凝土楼面上预埋 $\phi12$ 的钢筋头或 $\phi48$ 的短钢管作为支点，间距不大于1m，并使斜支撑能与支点有牢固的连接，起到撑顶、反拉和调节垂直度的作用。 2）图纸会审与钢筋放样时注意梁、柱筋的排列，尽量减少竖向主筋因排列问题而产生的位移。 3）在梁柱节点钢筋密集，柱与梁顶交界处，扎筋时给框架柱增加一个限位箍筋，用电焊将它与梁的箍筋点焊固定，再将柱主筋逐一绑扎牢固，并沿柱高临时绑扎间距不大于500的箍筋，确保节点处柱筋在浇筑时不会发生偏位。 4）加强混凝土的现场浇筑管理工作，认真技术交底，均匀下料，分层浇筑，分层振捣，这样既能保证混凝土的施工质量，又可防止撞偏钢筋骨架。 5）在进行竖向钢筋的搭接、焊接和机械连接前应先搭好脚手架，在上部通过吊线，用钢管固定出上部的托筋位置，使接长的钢筋能准确地套在箍筋范围内，这样在脚手架上安装柱的钢筋，绑扎箍筋，既安全，又能保证框架柱骨架不扭曲、不倾斜，还能提高工效。 2. 钢筋加工 1）钢筋开料切断尺寸不准。根据结构钢筋的所在部位和钢筋切断后的误差情况，确定调整或返工。 2）钢筋成型尺寸不准确，箍筋歪斜，外形误差超过质量标准允许值。对于Ⅰ级钢筋，只能进行一次重新调直和弯曲，其他级别钢筋不宜重新调直和反复弯曲。 3. 钢筋绑扎与安装 1）钢筋骨架外形尺寸不准。绑扎时宜将多根钢筋端部对齐，防止绑扎时钢筋偏离规定位置及骨架扭曲变形。 2）保护层砂浆垫块应准确，垫块步距取800mm×800mm，否则导致平板悬臂板面出现裂缝，梁底柱侧露筋。 3）钢筋骨架绑扎完成后，会出现斜向一方，绑扎时铁线应绑成八字形。左右口绑扎发现箍筋遗漏、间距不对要及时调整好。 4）柱子箍筋接头无错开放置，绑扎前要先检查：绑扎完成后再检查，若有错误应立即纠正。 5）浇筑混凝土时，如受到侧压钢筋位置出现位移时，要及时调整

续表

名称	质量通病预防措施及方案
混凝土工程	1. 蜂窝 预防措施：按规定使用和移动振动器。中途停歇后再浇捣时，新旧接缝范围要小心振捣。清理模板表面及模板拼缝处的粘浆，才能使接缝严密。若接缝宽度超过2.5mm，予以填封，梁筋过密时选择相应的石子粒径。 2. 露筋 预防措施：钢筋垫块厚度要符合设计规定的保护层厚度；垫块放置间距适当，钢筋直径较小时垫块步距宜密些，使钢筋自重挠度减少；使用振动器必须待混凝土中气泡完全排除后才能移动。 3. 麻面 预防措施：模板应平整光滑，安装前要把粘浆清除干净，并满涂隔离剂，浇捣前对模板要浇水湿润。 4. 孔洞 预防措施：对钢筋较密的部位（如梁柱接头）应分次下料，缩小分层振捣的高度；按照规程使用振动器。 5. 缝隙及夹渣 预防措施：浇筑前对柱头、施工缝、梯板脚等部位重新检查，清理杂物、泥沙、木屑。 6. 墙柱底部缺陷（烂脚） 预防措施：模板缝隙宽度超过2.5mm应予以填塞严密，特别防止侧板吊脚；浇筑混凝土前先浇注50～100mm厚的水泥砂浆。 7. 梁柱节点处（接头）断面尺寸偏差过大 预防措施：安装梁板模板前，先安装梁柱接头模板，并检查其断面尺寸、垂直度、刚度，符合要求才允许接驳梁模板。 8. 楼板表面平整度差 预防措施：浇捣楼面应使用拖板或刮尺抹平，梯级要使用平直、厚度符合要求的模具定位；混凝土达到1.2MPa后才允许在混凝土面上操作。 9. 基础轴线位移，螺孔、埋件位移 预防措施：基础混凝土属厚大构件，模板支撑系统要予以充分考虑；当混凝土捣至螺孔底时，要进行复线检查，及时纠正。浇筑混凝土时应在螺孔周边均匀下料，对重要的预埋螺栓尚应采用钢架固定。必要时二次浇筑。 10. 混凝土表面不规则裂缝 预防措施：混凝土终凝后立即进行淋水养护；高温或干燥天气要加麻袋等覆盖，保持构件有较久的湿润时间。厚大构件参照大体积混凝土施工的有关规定。 11. 缺棱掉角 预防措施：指定专人监控投料，投料计量准确；搅拌时间要足够；拆模应在混凝土强度能保证其表面及棱角在拆除模板不受损坏时方能拆除。拆除时对构件棱角应予以保护。 12. 钢筋保护层垫块脆裂 预防措施：垫块的强度不得低于构件强度，并能抵御钢筋放置时的冲击力；当承托较大的梁钢筋时，垫块中应加钢筋或铁丝增强；垫块制作完毕应浇水养护
装饰工程	1. 墙面空鼓、开裂 抹灰前基层必须清理干净彻底，抹灰前墙体必须洒水湿润，每层灰不能抹得太厚，跟得太紧，混凝土基层表面酥皮剔除干净，施工后及时浇水养护。 2. 抹灰面层起泡，有抹纹、爆灰、开花 抹完罩面灰后，压光不得跟得太紧，以免压光后多余的水气化后产生起泡现象。抹罩面灰前底层湿度应满足规范要求，过干时，罩面灰水分很快会被底灰吸收，压光时容易出现漏压或压光困难，若浇的浮水过多，抹罩面灰后，水浮在灰层表面，压光后容易出现抹纹。 3. 面层接槎不平，颜色不一 槎子按规矩甩，留槎平整，接槎留置在不显眼的地方，施工前基层浇水应浇透，避免压活困难，将表面压黑，造成颜色不均，另外所使用的水泥应为同品种、同批号进场。 4. 接顶、接地阴角处不顺直 抹灰时没有横竖刮杠，为保证阴角的顺直，必须用横杠检查底灰是否平整，修整后方可罩面

续表

名称	质量通病预防措施及方案
楼地面工程	1. 面层起砂、起皮 1）水泥强度不够或使用过期水泥、水灰比过大、抹压遍数不够、养护期间过早进行其他工序操作，都易造成起砂现象。在抹压过程中撒干水泥面（应撒水泥砂拌合料）不均匀，有厚有薄，表面形成一层厚薄不匀的水泥层，未与混凝土很好地结合，会造成面层起皮。 2）养护时间要够，不能过早上人，当面层抗压强度达5MPa时才能上人操作。 2. 面层空鼓、有裂缝 1）由于铺细石混凝土之前基层不干净，如有水泥浆皮及油污，或刷水泥浆结合层时面积过大用扫帚扫，甩浆等都易导致面层空鼓。由于混凝土的坍落度过大，滚压后面层水分过多，撒干拌合料后终凝前尚未完成抹压工序，造成面层结构或交活太早，最后一遍抹压时应抹压均匀，将抹纹压平压光。 2）在抹水泥砂浆之前必须将基层上的黏结物、灰尘、油污彻底处理干净，并认真进行清洗湿润，这是保证面层与基层结合牢固、防止空鼓裂缝的一道关键性工序。 3）涂刷水泥结合层不符合要求。在已处理洁净的基层上刷一遍水泥浆，目的是要增强面层与基层的黏结力，因此这是一项重要的工序。涂刷水泥浆稠度要适宜（一般0.4～0.5的水灰比），涂刷时要均匀不得漏刷，面积不要过大，砂浆铺多少刷多少。一般往往是先涂刷一大片，而铺砂浆速度较慢，已刷上去的水泥浆很快干燥，这样不起黏结作用，反而起到隔离作用。 4）一定要涂刷已拌好的水泥浆，不能采用干撒水泥，再浇水用扫帚来回扫的办法。由于浇水不均，水泥浆干稀不匀，也影响面层与基层的黏结质量。 3. 有地漏的房间倒泛水 在铺设面层砂浆时先检查垫层的坡度是否符合要求。设有垫层的地面，在铺设砂浆前抹灰饼和标筋时，按设计要求抹好坡度。 4. 面层不光、有抹纹 必须认真按前面所述的操作工艺要求，用铁抹子压的遍数去操作，最后在水泥终凝前用力抹压，不得漏压，直到将前遍的抹纹压平、压光为止
电气工程	1. 变压器一、二次引线，螺栓不紧、压按不牢。 母线与变压器连接间隙不符合规范要求。提高质量意识，加强自检互检，母线与变压器连接时锉平。 2. 线槽盖板接口不严，缝隙过大并有错台。操作时应仔细地将盖板接口对好，避免有错台。 3. 小容量电机接电源线时不摇测绝缘电阻。应做好技术交底，提高摇测绝缘的必要性认识，加强安装人员的责任心。 4. 暗配管路弯曲过多，敷设管路时，应按设计图纸要求及现场情况，沿最近的路线敷设，不绕行，弯曲处可明显减少。 5. 剔注盒、箱出现空隙、收口不好，应在固定盒、箱时，其周围灌满灰浆，盒、箱口及时收好后再穿线上器具。 6. 预留管口的位置不准确。配管时未按设计图要求找出轴线尺寸位置，造成定位不准。应根据设计图要求进行修复。 7. 暗配管路堵塞。配管后及时扫管，发现堵管及时修复。配管后及时加管堵把管口堵严实。 8. 管口不平齐有毛刺。断管后未及时铣口，应用锉把管口锉平齐，去掉毛刺再配管。 9. 沿桥架或线槽敷设的电缆防止弯曲半径不够。在桥架或线槽施工时，施工人员考虑满足该桥架或线槽上敷设的最大截面电缆的弯曲半径的要求。 10. 防止电缆标志牌挂装不整齐，或有遗漏。应有专人复查。 11. 线路的绝缘电阻值偏低。管路内可能进水或者绝缘层受损都将造成线路的绝缘电阻值偏低。应将管路中的泥水及时清干净或更换导线

续表

名称	质量通病预防措施及方案
管道工程	1. 管道螺纹接口返潮、渗漏 螺纹采用套丝机严格按标准进行加工。要求螺纹端正、光滑、无毛刺、不断丝、不乱扣等。管螺纹的主要尺寸须符合安装规定。 管螺纹加工后，先用手拧入2～3扣，再用管钳拧紧，最后螺纹留出距连接件处2～3扣。在进行管螺纹安装时，选用合适的管钳，紧配件时，还需考虑配件的位置和方向，不允许因拧过头而用倒扣的方法进行找正。 管道安装完毕，严格按照施工验收规范的要求进行严密性试验和强度试验，认真检查管道和接头有无裂纹、砂眼等缺陷，丝头是否完好。管道支吊架的距离须符合设计及规范规定，安装牢固。 2. 管道支架固定不牢 支架横梁要牢固地固定在墙、柱子或其他结构物上，横梁长度方向须水平，顶面与管子中心线平行，不允许上翘下垂或扭斜。 无热位移的管道吊架的吊杆要垂直于管道，吊杆的长度能调节；有热位移的管道，吊杆在位移相反方向，按位移值的1/2倾斜安装。 固定支架能使管子平稳地放在支架上，不能有悬空现象。管卡须紧卡在管道上。由于固定支架承受着管道内介质压力的反力及补偿器的反力，因此固定支架的位置必须严格安装在设计规定的位置上。 活动支架不得妨碍管道由于热膨胀所引起的移动。其安装位置要从支承面中心向位移的反向偏移，偏移为位移的一半。同时管道的保温层不得妨碍热位移。 3. 漆层厚度不匀、附着不牢 涂刷底漆前，必须清除表面的灰尘、污垢、锈斑、焊渣等杂物；涂刷油漆，厚度均匀、色泽一致，无流淌及污染现象

附表3-2　防水工程质量通病预防措施及方案

序号	质量通病	质量通病预防措施及方案
1	地下室外墙防水混凝土结构渗漏	1. 严格按照钢筋混凝土预防质量通病的方法进行施工。选用表面光滑的模板，浇筑前把模板表面清理干净，并浇水使其充分湿润，脱模剂涂刷均匀，振捣混凝土要密实，防止混凝土出现蜂窝、孔洞、麻面，引起地下水渗漏。 2. 墙板和底板，以及墙板和墙板之间的施工缝要留置适当，施工缝内杂物清理干净，防止新旧混凝土之间形成夹层，使地下水沿施工缝渗入。 3. 控制混凝土中的砂石含泥量不宜过大，养护及时，防止产生干缩和温度裂缝，造成渗漏水。 4. 认真清理预埋件表面的油污、杂质，对其周围混凝土要振捣密实，防止埋件与混凝土黏结不严密而产生缝隙，致使地下水渗入。 5. 穿墙管道设置止水法兰盘，管道做认真处理，使周围混凝土与管道黏结严实，防止造成渗漏水
	地下室外墙卷材防水层渗漏	1. 控制结构的沉降，防止防水卷材因为不均匀沉降被撕裂而造成渗水。 2. 卷材搭接接头宽度要有足够的压力，搭接要严，防止搭接处张口造成渗漏。 3. 管道处的卷材与管道黏结要严实，防止出现张口翘边现象，地下水沿此处进入室内，产生渗漏

续表

序号	质量通病	质量通病预防措施及方案
2	卫生间积水	1. 严格控制地漏安装高度的偏差，使偏差控制在允许的范围内，防止地漏安装高出地面。 2. 严格控制地面的坡度，使地面的平整度及坡向地漏的坡度符合要求，防止地面在地漏四周形成倒坡
	漏水	1. 排水管甩口高度、大便器出口插入排水管的深度均要严格按照要求控制，蹲坑出口与排水管连接处要填抹严实。 2. 厕所地面防水处理要做好，防止上层渗漏水顺管道四周和墙缝流到下层房间
	管道堵塞	1. 管道甩口封堵要严，避免造成杂物掉入管道中；卫生器具和管道安装前先清除掉入管道内的杂物。 2. 管道坡度要符合要求，防止出现倒坡，管道接口零件使用要对口，防止造成管道局部压力过大。 3. 管网要进行闭水试验检查

附表 3-3　砌体工程质量通病与预防措施及方案

序号	质量通病	质量通病预防措施及方案
1	砂浆强度低且不稳定	加强现场管理，加强计量控制
2	砂浆和易性差，沉底结硬	低强度水泥砂浆尽量不用高强水泥配制，不用细砂，严格控制塑化材料的质量和掺量，加强砂浆拌制计划性，随拌随用，灰桶中的砂浆经常翻拌、清底
3	砌体组砌方法错误，砌墙面出现数皮砖同缝（通缝、直缝）、里外两张皮，影响砌体强度，降低结构整体性	对工人加强技术培训，严格按规范方法组砌，缺损砖应分散使用，少用半砖，禁用碎砖
4	砌块墙面及门窗框四周常出现渗水、漏水现象	认真检验砌块质量，特别是抗渗性能；加强灰缝砂浆饱满度控制；杜绝墙体裂缝；门窗框周边嵌缝应在墙面抹灰前进行，而且要待固定门窗框铁脚的砂浆（或细石混凝土）达到一定强度后进行
5	墙体留槎错误，接槎砂浆填塞不严，影响接槎部位砌体强度，降低结构整体性	施工组织设计中应对留槎做统一考虑，严格按规范要求留槎，对于施工洞所留槎，应加以保护和遮盖，防止运料车碰撞槎子
6	砌块墙体易产生沿楼板的水平裂缝、底层窗台中部竖向裂缝、顶层两端角部阶梯形裂缝以及砌块周边裂缝等	为减少收缩，砌块出池后应有足够的静置时间（30～50d）；清除砌块表面脱模剂及粉尘等；采用黏结力强、和易性较好的砂浆砌筑，控制铺灰长度和灰缝厚度；设置心柱、圈梁、伸缩缝，在温度、收缩比较敏感的部位局部配置水平钢筋

续表

序号	质量通病	质量通病预防措施及方案
7	墙面灰缝不平直，游丁走缝，墙面凹凸不平，水平灰缝弯曲不平直，灰缝厚度不一致，出现“螺丝”墙，垂直灰缝歪斜，灰缝宽窄不匀，丁不压中（丁砖未压在顺砖中部），墙面凹凸不平	砌前应摆底，并根据砖的实际尺寸对灰缝进行调整；采用皮数杆拉线砌筑，以砖的小面跟线，拉线长度（15～20m）超长时，应加腰线；竖缝，每隔一定距离应弹墨线找齐，墨线用线锤引测，每砌一步架用立线向上引伸，立线、水平线与线锤应“三线归一”
8	拉结钢筋被遗漏，构造柱及接槎水平拉结钢筋常被遗漏，或未按规定布置，配筋砖缝砂浆不饱满，露筋年久易锈	拉结筋应作为隐检项目对待，应加强检查，并填写检查记录存档。施工中，对所砌部位需要的配筋应一次备齐，以备检查有无遗漏。尽量采用点焊钢筋网片，适当增加灰缝厚度（以钢筋网片厚度上下各有2mm保护层为宜）
9	层高实际高度与设计高度的偏差超过允许偏差	保证配制砌筑砂浆的原材料符合质量要求，并且控制铺灰厚度和长度；砌筑前应根据砌块、梁、板的尺寸和规格计算砌筑皮数，绘制皮数杆，砌筑时控制好每皮砌块的砌筑高度。对于原楼地面的标高误差，可在砌筑灰缝或圈梁、楼板找平层的允许误差内逐皮调整

附表3-4　屋面工程质量通病与预防措施及方案

序号	质量通病	质量通病预防措施及方案
1	屋面漏水。屋面渗漏有一定的规律性，容易发生渗漏的部位有屋面变形缝、伸出屋面管道或雨水管穿过防水层处等	变形缝的泛水高度不应小于250mm，防水层应铺贴到变形缝两侧砌体的上部。变形缝内应填充聚苯乙烯泡沫塑料，上部填放衬垫材料，并用卷材封盖；管道根部直径500mm范围内，找平层应抹出高度不小于30mm的圆台；管道周围与找平层或防水层之间应预留200mm×200mm凹槽，并用密封材料嵌填严密；管道根部四周应增设附加层，宽度、高度均不小于300mm；管道上的防水层收头处应用金属箍紧固，并用密封材料封严
2	混凝土刚性屋面裂缝一般分为结构裂缝、温度裂缝和施工裂缝三种。结构裂缝发生在屋面板拼缝处，穿过防水层并上下贯通；温度裂缝是有规则的通长的分布，比较均匀；施工裂缝是不规则的、长度不等的断续裂缝	1. 防水层必须分格。分格缝应设在现浇整体结构的支座处、屋面转折处、屋面与凸出屋面结构交接处，纵横向间距不大于6mm。 2. 防水层应按照设计规范要求进行施工。 3. 在混凝土浇筑之后，做好混凝土的保温保湿养护，缓缓降温；采取长时间的养护，规定合理的拆模时间，延缓降温时间和速度，充分发挥混凝土的“应力松弛效应”；混凝土在浇筑及静置过程中，应采取措施防止产生裂缝。混凝土因沉降及干缩产生的非结构性的表面裂缝，应在混凝土终凝前予以修整。 4. 对于结构裂缝，应填充聚苯乙烯泡沫塑料，上部填放衬垫材料，再进行防水层施工

附表 3-5　通风与空调工程质量通病与预防措施及方案

序号	项目	易产生的质量问题	质量通病预防措施及方案
1	金属风管制作	铆钉脱落	增加责任心，铆后检查，按工艺正确操作，加长铆钉
		风管法兰连接不方正	用方尺找正，使法兰与直管棱垂直，管口、四边翻边量宽度一致
		法兰	管片压口前口要倒角，咬口重叠处翻边时铲平四角，不应出现豁口
		管件连接空洞	出现空洞用焊锡密封、堵严
2	风管安装	支、吊架不刷油，吊杆过长	增加责任心，制完后应及时刷油，吊杆截取时仔细核对标高
		支、吊架间距过长	落实规范要求，安装完后认真复查有无间距过大现象
		法兰腰箍开焊	安装前仔细检查，发现问题及时调整
		螺丝漏穿或不紧松动	增加责任心，法兰孔距应及时调整
		帆布口过长扭曲	铆接帆布应拉直，对正铁皮条要压紧帆布，不要漏卸
		修改风管铆钉孔未堵	修改后应用密封胶堵严
		垫料脱落	严格按工艺做，法兰表面应清洁
		不涂密封胶	认真按规范操作
3	风机安装	风机运转中皮带滑下或产生跳动	应检查两皮带轮是否找正，并在一条中线上，或调整两皮带轮的距离；如皮带过长应更换
		风机产生与转速相辅的振动	应检查叶轮质量是否对称或叶片上是否有附着物；双进通风机应检查两侧进气量是否相等，如不等，可调节挡板，使两侧进风口负压相等
		通风机和电动机整体振动	应检查地脚螺栓是否松动，机座是否紧固；与通风机相连的风管是否加支撑固定；柔性短管是否过紧
		风机减振器所承受的压力不均	应适当调整减振器的位置，或检查减振器的底板是否同基础固定

附录 4　工程归档资料

房建工程归档资料

一、总目录

1. 建筑工程基本建设程序必备文件
2. 建筑工程综合管理资料
3. 地基与基础工程
4. 主体结构工程
5. 建筑装饰装修工程
6. 建筑屋面工程
7. 建筑设备安装工程综合管理资料
8. 建筑给水、排水及采暖工程
9. 建筑电气工程
10. 通风与空调工程
11. 电梯安装工程
12. 智能建筑分部工程
13. 竣工日志
14. 竣工图

二、建筑工程基本建设程序必备文件

1. 施工合同及监理合同
2. 各责任主体及分包单位资质文件
3. 见证员证书
4. 工程质量验收申请表
5. 单位（子单位）工程质量验收记录
6. 建设工程质量验收意见书
7. 建设工程竣工验收报告
8. 施工总结
9. 监理评估报告

三、建筑工程综合管理资料

1. 单位工程开工报告
2. 单位工程施工组织设计
3. 单位工程坐标定位测量记录
4. 工程质量事故报告

5. 工程质量事故（停工）通知
6. 工程质量事故处理报告
7. 工程复工通知书
8. 工程中间验收交接记录
9. 设计图纸会审纪要
10. 单位（子单位）工程质量控制资料核查记录
11. 单位（子单位）工程安全和功能检验资料核查及主要功能抽查记录
12. 单位（子单位）工程观感质量检查记录
四、地基与基础工程
（一）桩基础、天然基础、地基处理等工程
1. 工程质量控制资料——验收资料
1）桩基础、天然地基、地基处理等分部工程质量验收记录
2）分项工程质量验收记录
3）检验批质量验收记录
2. 工程质量控制资料——施工技术管理资料
1）设计、变更及洽商记录
2）分项工程质量技术交底卡
3）桩基础、天然地基、地基处理等子分部工程基线复核
4）新技术、新材料、新工艺试验研究资料和施工方法
3. 工程质量控制资料——产品质量证明文件
1）水泥出厂合格证，进场物理性能检验报告及汇总表
2）钢筋出厂合格证，进场力学性能、工艺性能检验报告及汇总表
3）砂进场物理性能检验报告及汇总表
4）碎石、卵石进场物理性能检验报告及汇总表
5）新材料、新产品的鉴定证明，质量标准使用说明，工艺要求和检验报告
4. 工程质量控制资料——试验报告
1）混凝土配合比设计报告、外加剂出厂质量证明及复检报告
2）混凝土坍落度检测报告
3）混凝土试块抗压强度试验结果汇总表
4）混凝土试块抗压强度试验结果计算表
5）混凝土试块抗压强度试验报告
6）钢筋焊接接头试验报告、汇总表及焊条、焊剂、焊药出厂质量证明书
5. 工程质量控制资料——检测报告
1）桩基检测报告
2）标准贯入试验报告
3）平板载荷试验报告
4）土壤试验报告
6. 工程质量控制资料——施工记录

1）灌注桩成孔施工（或验收）记录
2）灌注桩地下连续墙灌注水下混凝土记录
3）灌注桩施工资料汇总表
4）灌注桩隐蔽验收记录
5）土方开挖后桩基础复核表及桩位编号图
6）桩基础偏移平面图
7. 工程质量评定资料
桩基础、天然地基、地基处理等工程质量检验评定表
（二）地下结构工程（地下防水工程）
1. 工程质量控制资料——验收资料
1）地基与基础分部工程质量验收记录
2）地下结构子分部工程质量验收记录
3）分项工程质量验收记录
4）检验批质量验收记录
5）地基与基础分部（子分部）工程安全和功能检验资料核查及主要功能抽查记录
2. 工程质量控制资料——施工技术管理资料
1）分部（子分部）工程施工方案
2）设计变更及洽商记录
3）分项工程质量技术交底卡
4）地下结构工程基线复核
5）新技术、新材料、新工艺试验研究资料和施工方法
3. 工程质量控制资料——产品质量证明文件
1）水泥出厂合格证，进场物理性能检验报告及汇总表
2）钢筋出厂合格证，进场力学性能、工艺性能检验报告及汇总表
3）钢筋化学成分检验报告及汇总表（煤化）
4）砌体材料出厂质量证明书、进场物理性能检验报告及汇总表
5）轻板墙体材料出厂合格证、物理力学性能检验报告及汇总表
6）砂进场物理性能检验报告及汇总表
7）碎石、卵石进场物理性能检验报告及汇总表
8）防水材料出厂合格证及进厂检验报告
4. 工程质量控制资料——试验报告
1）混凝土配合比设计报告、外加剂出厂质量证明及复检报告
2）混凝土坍落度检测报告
3）混凝土试块抗压强度试验结果汇总表
4）混凝土试块抗压强度试验结果计算表
5）混凝土试块抗压强度试验报告
6）砂浆配合比设计报告
7）砂浆试块抗压强度试验结果汇总表

8）砂浆试块抗压强度试验结果计算表

9）砂浆试块抗压强度试验报告

10）钢筋焊接接头试验报告、汇总表及焊条、焊剂、焊药出厂质量证明书

11）钢筋机构连接接头拉伸试验报告、套筒出厂合格证及汇总表

5. 工程质量控制资料——检测报告

1）回弹法混凝土强度检测报告

2）钻芯法混凝土强度检测报告

3）回弹-超声回弹综合法混凝土强度检测报告

4）砌体检测报告

5）结构检测报告

6. 工程质量控制资料——施工记录

1）地下结构工程防水验收记录

2）隐蔽工程验收记录

3）地基验槽记录

7. 工程安全和功能检验资料及主要功能抽查记录［地下防水安全和功能检验（测）报告］

地下室防水效果检验记录

8. 工程质量评定资料

地下结构工程分项工程质量评定表

五、主体结构工程

（一）钢筋混凝土工程

1. 工程质量控制资料——验收资料

1）主体结构分部（子分部）工程质量控制资料核查记录

2）主体结构分部（子分部）工程安全和功能检验资料核查及主要功能抽查记录

3）观感质量验收记录

4）主体结构分部（子分部）工程质量验收记录

5）分项工程质量验收记录

6）检验批质量验收记录

2. 工程质量控制资料——施工技术管理资料

1）设计变更及洽商记录

2）分项工程质量技术交底卡

3）主体结构分部（子分部）工程基线复核记录。

4）新技术、新材料、新工艺试验研究资料和施工方法

3. 工程质量控制资料——产品质量证明文件

1）水泥出厂合格证、进场物理性能检验报告及汇总表

2）钢筋出厂合格证，进场力学性能、工艺性能检验报告及汇总表

3）钢筋化学成分检验报告及汇总表

4）砌体材料出厂质量证明书、进场物理性能检验报告及汇总表

5）轻板墙体材料出厂合格证、物理力学性能检验报告及汇总表
6）砂进场物理性能检验报告及汇总表
7）碎石、卵石进场物理性能检验报告及汇总表
8）新材料、新产品的鉴定证明、质量标准使用说明、工艺要求和检验报告
4. 工程质量控制资料——试验报告
1）混凝土配合比设计报告、外加剂出厂质量证明及复检报告
2）混凝土坍落度检测报告
3）混凝土试块抗压强度试验结果汇总表
4）混凝土试块抗压强度试验结果计算表
5）混凝土试块抗压强度试验报告
6）砂浆配合比设计报告
7）砂浆试块抗压强度试验结果汇总表
8）砂浆试块抗压强度试验结果计算表
9）砂浆试块抗压强度试验报告
10）混凝土试块抗渗等级试验报告
11）钢筋焊接接头试验报告、汇总表及焊条、焊剂、焊药出厂质量证明书
12）钢筋机构连接接头拉伸试验报告、套筒出厂合格证及汇总表
5. 工程质量控制资料——检测报告
1）回弹法混凝土强度检测报告
2）钻芯法混凝土强度检测报告
3）回弹-超声回弹综合法混凝土强度检测报告
4）砌体检测报告
5）结构检测报告
6. 工程质量控制资料——施工记录
1）隐蔽工程验收记录
2）混凝土施工记录
3）混凝土结构实体检验记录
7. 工程安全和功能检验资料及主要功能抽查记录
1）建筑物垂直度、标高、全高测量记录
2）建筑物沉降观测测量记录
3）抽气（风）道检查记录
8. 工程质量评定资料
钢筋混凝土结构工程分项工程质量评定表
（二）钢结构工程
1. 工程质量控制资料——验收资料
1）钢结构工程安全及功能检验和见证取样检测项目记录
2）钢结构工程有关观感质量检查项目记录
3）钢结构分部工程质量验收记录

4）分项工程质量验收记录

5）检验批质量验收记录

2. 工程质量控制资料——施工技术管理资料

1）分部（子分部）工程施工方案

2）设计变更及洽商记录

3）分项工程质量技术交底卡

4）钢结构工程基线复核报告

5）首次采用的钢材和焊接材料出厂前的焊接工艺评定报告

6）新技术、新材料、新工艺试验研究资料和施工方法

3. 工程质量控制资料——产品质量证明文件

1）构件出厂合格证

2）钢材质量证明书和检验报告

3）安装所采用焊接材料的质量证明书

4）高强度螺栓连接副的质量证明书及复检报告

5）安装所采用的涂料质量证明书或检验报告

6）防火涂料的质量证明书或检验报告

4. 工程质量控制资料——试验报告

1）高强度螺栓连接摩擦面抗滑移系数试验报告

2）设计要求做强度试验的构件的试验报告

5. 工程质量控制资料——检测报告

一级、二级焊缝超声波无损探伤检测报告

6. 工程质量控制资料——施工记录

1）隐蔽工程验收记录

2）总拼就位后几何尺寸误差和挠度记录（网架结构）

7. 工程安全和功能检验资料核查及主要功能抽查记录

建筑物垂直度、标高、全高测量记录

8. 工程质量评定资料

钢结构工程分项工程质量评定表

（三）砖混结构

1. 工程质量控制资料——验收资料

1）主体结构分部（子分部）工程安全和功能检验资料核查及主要功能抽查记录

2）主体结构分部（子分部）工程质量验收记录

3）分项工程质量验收记录

4）检验批质量验收记录

2. 工程质量控制资料——施工技术管理资料

1）设计变更及洽商记录

2）分项工程质量技术交底卡

3）砖混结构工程基线复核报告

3. 工程质量控制资料——产品质量证明文件

1）水泥出厂合格证、进场物理性能检验报告及汇总表

2）钢筋出厂合格证，进场力学性能、工艺性能检验报告及汇总表

3）砌体材料出厂质量证明书、进场物理性能检验报告及汇总表

4）砂进场物理性能检验报告及汇总表

5）碎石、卵石进场物理性能检验报告及汇总表

6）防水材料出厂合格证及进场检验报告

7）预制构件合格证或试验报告

4. 工程质量控制资料——试验报告

1）砂浆配合比设计报告

2）砂浆试块抗压强度试验结果汇总表

3）砂浆试块抗压强度试验结果计算表

4）砂浆试块抗压强度试验报告

5. 工程质量控制资料——施工记录

隐蔽工程验收记录

6. 工程安全和功能检验资料及主要功能抽查记录

建筑物垂直度、标高、全高测量记录

7. 工程质量评定资料

砖混结构工程分项工程质量评定表

六、建筑装饰装修工程

（一）地面结构

1. 检验批验收记录

2. 工程安全和功能检验资料核查及主要功能抽查记录

（二）建筑装饰装修工程

1. 工程质量控制资料——验收资料

1）建筑装饰装修分部（子分部）工程质量控制资料核查记录

2）建筑装饰装修分部（子分部）工程安全和功能检验资料核查及主要功能抽查记录

3）建筑装饰装修分部（子分部）工程质量检验记录

4）建筑装饰装修分部（子分部）工程质量验收记录

5）分项工程质量验收记录

6）检验批质量验收记录

2. 工程质量控制资料——施工技术管理资料

分项工程质量技术交底卡

3. 工程质量控制资料——产品质量证明文件

产品质量证明文件及汇总表

4. 工程质量控制资料——试验报告

1）砂浆试块抗压强度试验结果汇总表

2）砂浆试块抗压强度试验结果计算表

3）砂浆试块抗压强度试验报告

5. 工程质量控制资料——检测报告

外墙饰面砖黏结强度检测报告

6. 工程质量控制资料——施工记录

1）建筑装饰装修分部（子分部）工程防水验收记录

2）隐蔽工程验收记录

7. 工程安全和功能检验资料及主要功能抽查记录

1）有防水要求的地面蓄水试验

2）铝合金门窗气密性、水密性、耐风性检测报告

3）节能、保温测试记录

4）室内环境检测报告

8. 工程质量评定资料

建筑装饰装修工程分项工程质量评定表

（三）幕墙工程

1. 工程质量控制资料——验收资料

1）幕墙子分部工程质量控制资料核查记录

2）幕墙子分部工程安全和功能检验资料核查及主要功能抽查记录

3）幕墙子分部工程质量验收记录

2. 工程质量控制资料——施工技术管理资料

1）子分部工程施工方案

2）设计变更及洽商记录

3）分项工程质量技术交底卡

4）幕墙子分部工程质量验收申请表

5）新技术、新材料、新工艺试验研究资料和施工方法

3. 工程质量控制资料——产品质量证明文件

1）铝合金材料出厂证明书及检验报告

2）板材（或玻璃）出厂质量证明书及检验报告

3）建筑密封材料出厂质量证明书

4）结构、耐候硅酮密封胶出厂质量证明书

5）保温材料、防火材料出厂质量证明书

6）所有钢材、五金配件及其他材料出厂质量证明书

7）构件出厂质量证明书

8）进口原材料商检报告

4. 工程质量控制资料——试验报告

1）板材（或玻璃）性能检测报告

2）铝型材化学、力学性能检测报告

3）构件、耐候硅酮密封胶物理性能检测报告
4）膨胀螺栓抗拔试验报告
5. 工程质量控制资料——检测报告
结构硅酮密封胶与接触材料相容性能检测报告
6. 工程质量控制资料——施工记录
1）隐蔽工程验收记录
2）防雷接地电阻测试记录
3）结构胶和耐候胶切开剥离试验记录
4）施工安装自检记录
5）注胶记录
7. 工程安全和功能检验资料核查及主要功能抽查记录
1）幕墙气密性、水密性、耐风性检测报告
2）节能、保温测试记录
8. 工程质量评定资料
幕墙分项工程质量评定表
七、建筑屋面工程
1. 工程质量控制资料——验收资料
1）建筑屋面分部（子分部）工程质量验收记录
2）分项工程质量验收记录
3）检验批验收记录
2. 工程质量控制资料——产品质量证明文件
1）分项工程质量技术交底卡
2）产品质量证明文件及汇总表
3. 工程质量控制资料——施工记录
1）建筑屋面分部（子分部）工程防水验收记录
2）建筑屋面蓄水（淋水）试验记录
3）屋面坡度检查记录表
4. 工程质量评定资料
建筑屋面分项工程质量评定表
八、建筑设备安装工程综合管理资料
1. 分部（子分部）工程开工报告
2. 施工分包合同
3. 建筑设备安装工程施工组织设计（方案）
4. 技术管理人员及特殊作业人员登记表
5. 工程质量事故报告
6. 工程质量事故（停工）通知
7. 工程质量事故处理报告
8. 工程复工通知书

9．工程中间验收交接记录

10．新技术、新材料、新工艺、新方法报告

九、建筑给水、排水及采暖工程

1．工程质量控制资料——验收资料

1）建筑给水、排水及采暖分部（子分部）工程质量验收记录

2）分项工程质量验收记录

3）检验批质量验收记录

2．工程质量控制资料——施工技术管理资料

1）设计、变更及洽商记录

2）分项工程质量技术交底卡

3）分部（子分部）工程施工（调试）方案

3．工程质量控制资料——产品质量证明文件

1）产品质量证明文件及汇总表

2）塑料给排水管材、管件进场检验报告及汇总表

3）管道阀门进场检验报告及汇总表

4）设备、材料进场签认记录

4．工程质量控制资料——施工记录

1）隐蔽工程验收记录

2）设备开箱检查记录

3）机泵安装记录

4）锅炉安装检验试运转记录

5）管线焊接检查记录

5．工程安全和功能检验资料核查及主要功能抽查记录

1）给水管道通水试验记录

2）暖气管道、散热器压力试验记录

3）卫生器具满水试验记录

4）消防管道、燃气管道压力试验记录

5）排水干管通球试验记录

6．工程质量评定资料

建筑给水、排水及采暖工程分项工程质量评定表

十、建筑电气工程

1．工程质量控制资料——验收资料

1）建筑电气分部（子分部）工程质量验收记录

2）分项工程质量验收记录

3）检验批质量验收记录

4）低压配电（含发电机组）安装工程质量验收记录

2．工程质量控制资料——施工技术管理资料

1）设计、变更及洽商记录

2）分项工程质量技术交底卡

3）分部（子分部）工程施工（调试）方案

3. 工程质量控制资料——产品质量证明文件

1）产品质量证明文件及汇总表

2）电线电缆进场检验报告及汇总表

3）PVC线槽线管进场检验报告及汇总表

4）漏电开关和空气断路器进场检验报告及汇总表

4. 工程质量控制资料——施工记录

1）隐蔽工程验收记录

2）发电机组安装调试（检测）记录

5. 工程安全和功能检验资料核查及主要功能抽查记录

1）照明全负荷试验记录

2）大型灯具牢固性试验记录

3）避雷接地电阻测试记录

4）线路、插座、开关接地检验记录

6. 工程质量评定资料

建筑电气工程分项工程质量评定表

十一、通风与空调工程

1. 工程质量控制资料——验收资料

1）通风与空调分部（子分部）工程质量验收记录

2）分项工程质量验收记录

3）检验批质量验收记录

2. 工程质量控制资料——施工技术管理资料

1）设计图纸会审、变更及洽商记录

2）分项工程质量技术交底卡

3）分部（子分部）工程施工（调试）方案

3. 工程质量控制资料——产品质量证明文件

1）产品质量证明文件及汇总表

2）设备、材料进场签认记录

4. 工程质量控制资料——施工记录

1）隐蔽工程验收记录；

2）设备开箱检查记录；

3）系统功能测定及设备调试记录。

5. 工程安全和功能检验资料核查及主要功能抽查记录

1）通风、空调系统试运行记录

2）风量、温度测试记录

3）清净室洁净度测试记录

4）制冷机组试运行调试记录

6. 工程质量评定资料

通风与空调工程分项工程质量评定表

十二、电梯工程

1. 工程质量控制资料——验收资料

1）分部工程质量验收记录

2）分项工程质量验收记录

2. 工程质量控制资料——施工技术管理资料

1）电梯安装工程施工方案（含新技术、新方案）

2）设计、变更及洽商记录

3）分项工程质量技术交底卡

3. 工程质量控制资料——使用说明文件

1）单台用册

2）分部用册

4. 工程质量控制资料——施工记录

1）电梯设备进场验收记录

2）电梯安装土建交接检验记录表

3）电梯整机安装质量验收记录

5. 工程安全和功能检验资料核查及主要功能抽查记录

1）电梯运行记录

2）电梯安全装置检测报告

6. 工程质量评定资料

电梯工程各分项工程质量评定表

十三、智能建筑工程

1. 工程质量控制资料——验收资料

1）智能建筑分部（子分部）工程质量验收记录

2）智能建筑分项工程质量验收记录

2. 工程质量控制资料——施工技术管理资料

1）设计、变更及洽商记录

2）分项工程质量技术交底卡

3）分部（子分部）工程施工（调试）方案

3. 工程质量控制资料——产品质量证明文件

1）产品质量证明文件及汇总表

2）设备、材料进场签认记录

3）系统技术、操作和维护手册

4）系统管理、操作人员培训手册

5）系统检测报告

4. 工程质量控制资料——施工记录

1）隐蔽工程验收记录

2）设备开箱检查记录

3）系统功能测定及设备调试记录

5. 工程安全和功能检验资料核查及主要功能抽查记录

1）系统试运行记录

2）系统电源及接地检测报告

6. 工程质量评定资料

建筑智能工程分项工程质量评定表

十四、竣工日志

1. 土建工程施工日志

2. 建筑设备安装工程施工日志

十五、竣工图

1. 建筑竣工图

2. 结构竣工图

3. 钢结构竣工图

4. 幕墙竣工图

5. 二次装修竣工图

6. 水施竣工图

7. 电施竣工图

8. 消施竣工图

9. 空施竣工图

10. 电梯安装竣工图

附录5　工程技术资料目录

×××高速公路建设房建工程

建筑结构工程施工技术资料

工程名称________________________________

建设单位________________________________

监理单位________________________________

施工单位________________________________

项目专业技术负责人____________________

编 制 人________________________________

竣工日期________年________月________日

×××高速公路建设房建工程
建筑结构工程施工技术资料核查表

工程名称：

序号	资料名称	编号	份数	核查意见	核查人
1	工程概况	JJ-001			
2	工程参建各方签字签章存样表	JJ-002			
3	工程项目管理人员名单	JJ-003			
4	工程参建各方人员及签章变更备案表	JJ-004			
5	施工现场质量管理检查记录	JJ-005			
6	分包单位资质报审表	JJ-006			
7	开工报告	JJ-007			
8	工程竣工报告	JJ-008			
9	工程质量事故调（勘）查记录	JJ-009			
10	建设工程质量事故报告	JJ-010			
11	施工日志	JJ-011			
12	施工组织设计（施工方案）审批表	JJ-012			
13	技术（安全）交底记录	JJ-013			
14	图纸会审、设计变更、洽商记录汇总表	JJ-014			
15	图纸会审记录	JJ-015			
16	设计交底记录	JJ-016			
17	设计变更通知单	JJ-017			
18	工程洽商记录	JJ-018			
19	材料、构配件进场检验记录	JJ-019			
20	材料合格证、复试报告汇总表	JJ-020			
21	钢材合格证和复试报告汇总表	JJ-021			
22	预拌混凝土出厂合格证汇总表	JJ-022			
23	预拌混凝土合格证	JJ-023			
24	水泥出厂合格证（含出厂试验报告）、复试报告汇总表	JJ-024			
25	砂石出厂合格证、出厂检验报告、复试报告汇总表	JJ-025			
26	矿物掺合料出厂合格证、出厂检验报告、复试报告汇总表	JJ-026			
27	混凝土外加剂产品合格证、出厂检验报告和进场复验报告汇总表	JJ-027			

续表

序号	资料名称	编号	份数	核查意见	核查人
28	砖（砌块、墙板）出厂合格证、出厂检验报告、复试报告汇总表	JJ-028			
29	防水和保温材料合格证、复试报告汇总表	JJ-029			
30	（其他）材料合格证、复试报告汇总表	JJ-030			
31	合格证［复印件（或抄件）］贴条	JJ-031			
32	材料见证取样检测汇总表	JJ-032			
33	取样送样试验见证记录	JJ-033			
34	土壤试验记录汇总表	JJ-034			
35	混凝土配合比试验通知单	JJ-035			
36	混凝土试块试压报告汇总表	JJ-036			
37	混凝土试块强度统计、评定记录	JJ-037			
38	砂浆试块试压报告汇总表	JJ-038			
39	砂浆试块强度统计、评定记录	JJ-039			
40	钢筋连接试验报告汇总表	JJ-040			
41	其他（复合地基，桩基，锚杆、锚筋、面砖、节能拉拔等）检测报告	JJ-041			
42	工程定位测量放线记录汇总表	JJ-042			
43	工程定位测量记录	JJ-043			
44	楼层平面放线记录	JJ-044.1			
	楼层标高抄测记录	JJ-044.2			
45	基槽验线记录	JJ-045			
46	地基验槽检查验收记录	JJ-046			
47	地基验收记录	JJ-047			
48	地基钎探记录	JJ-048			
49	地基处理记录	JJ-049			
50	建筑物垂直度、标高测量记录（一）	JJ-050.1			
	建筑物垂直度、标高测量记录（二）	JJ-050.2			
51	隐蔽工程验收记录	JJ-051			

续表

序号	资料名称	编号	份数	核查意见	核查人
52	钢筋隐蔽工程验收记录	JJ-052			
53	强夯施工记录（一）	JJ-053.1			
	强夯施工记录（二）	JJ-053.2			
54	重锤夯实施工记录	JJ-054			
55	施工检查记录	JJ-055			
56	直螺纹校核扭矩检查记录	JJ-056			
57	混凝土浇灌申请书	JJ-057			
58	混凝土开盘鉴定	JJ-058			
59	预拌混凝土运输单	JJ-059			
60	预拌混凝土交货检验记录	JJ-060			
61	混凝土工程施工记录	JJ-061			
62	混凝土养护情况记录	JJ-062			
63	混凝土搅拌测温记录	JJ-063			
64	混凝土同条件养护测温记录	JJ-064			
65	混凝土养护测温记录	JJ-065			
66	大体积混凝土养护测温记录	JJ-066			
67	混凝土拆模申请单	JJ-067			
68	构件吊装记录	JJ-068			
69	焊接材料烘焙记录	JJ-069			
70	预应力筋张拉记录（一）	JJ-070.1			
	预应力筋张拉记录（二）	JJ-070.2			
71	有黏结预应力结构灌浆记录	JJ-071			
72	地基基础、主体结构检验及抽样检测汇总表	JJ-072			
73	地下室防水效果检查记录	JJ-073			
74	屋面淋水、蓄水试验检查记录	JJ-074			
75	厕所、厨房、阳台等有防水要求的地面泼水、蓄水试验记录	JJ-075			
76	建筑烟（风）道、垃圾道检查记录	JJ-076			

续表

序号	资料名称	编号	份数	核查意见	核查人
77	建筑物沉降观测记录	JJ-077			
78	班组自检（互检）记录	JJ-078			
79	工序交接检查记录	JJ-079			
80	技术复核（或预检）记录	JJ-080			
81	不符合要求项处理记录	JJ-081			
82	样板间（分项工程）质量检查记录	JJ-082			
83	新技术、新设备、新材料、新工艺施工验收记录	JJ-083			
84	其他资料				
结论					
总监理工程师（签字）：				年　　月　　日	

×××高速公路建设房建工程

桩基工程施工技术资料

工程名称________________________________

建设单位________________________________

监理单位________________________________

施工单位________________________________

项目专业技术负责人______________________

编 制 人________________________________

竣工日期________年________月________日

×××高速公路建设房建工程

建筑桩基子分部工程施工技术资料核查表

工程名称：

序号	资料名称	编号	份数	核查意见	核查人
1	桩基工程概况	ZJ-001			
2	工程参建各方签字签章存样表	ZJ-002			
3	工程项目管理人员名单	ZJ-003			
4	工程参建各方人员及签章变更备案表	ZJ-004			
5	施工现场质量管理检查记录	ZJ-005			
6	分包单位资质报审表	ZJ-006			
7	桩基工程开工报告	ZJ-007			
8	工程竣工报告	ZJ-008			
9	工程质量事故调（勘）查记录	ZJ-009			
10	建设工程质量事故报告	ZJ-010			
11	施工日志	ZJ-011			
12	施工组织设计（施工方案）审批表	ZJ-012			
13	技术（安全）交底记录	ZJ-013			
14	图纸会审、设计变更、洽商记录汇总表	ZJ-014			
15	图纸会审记录	ZJ-015			
16	设计交底记录	ZJ-016			
17	设计变更通知单	ZJ-017			
18	工程洽商记录	ZJ-018			
19	材料、构配件进场检验记录	ZJ-019			
20	预制桩（钢桩）进场验收记录	ZJ-020			
21	材料合格证、复试报告汇总表	ZJ-021			
22	合格证［复印件（或抄件）］贴条	ZJ-022			
23	预制材料（钢桩、商品混凝土及桩头）合格证汇总表	ZJ-023			
24	材料见证取样检测汇总表	ZJ-024			
25	取样送样试验见证记录	ZJ-025			
26	钢筋连接试验报告汇总表	ZJ-026			
27	桩基检测资料汇总表	ZJ-027			
28	试桩记录	ZJ-028			
29	静压混凝土预制桩、钢桩施工工艺试验报告	ZJ-029			

续表

序号	资料名称	编号	份数	核查意见	核查人
30	锤击混凝土预制桩、钢桩施工工艺试验报告	ZJ-030			
31	混凝土试块试压报告汇总表	ZJ-031			
32	混凝土试块强度统计、评定记录	ZJ-032			
33	桩位测量放线记录	ZJ-033			
34	工程定位测量记录	ZJ-034			
35	挖至设计标高时预制桩（钢桩）桩位偏差验收记录	ZJ-035			
36	挖至设计标高时灌注桩桩位偏差验收记录	ZJ-036			
37	地基验槽检查验收记录	ZJ-037			
38	隐蔽工程验收记录	ZJ-038			
39	钢筋隐蔽工程验收记录	ZJ-039			
40	混凝土预制桩接桩隐蔽验收记录	ZJ-040			
41	钢桩焊接接桩隐蔽验收记录	ZJ-041			
42	混凝土预制桩焊接接桩隐蔽验收记录	ZJ-042			
43	施工检查记录	ZJ-043			
44	泥浆护壁成孔灌注桩施工验收记录	ZJ-044			
45	人工挖孔灌注桩施工验收记录	ZJ-045			
46	预制桩、钢桩（静压沉桩）施工验收记录	ZJ-046			
47	预制桩、钢桩（锤击沉桩）施工验收记录	ZJ-047			
48	锤击沉管（夯扩）灌注桩施工验收记录	ZJ-048			
49	混凝土工程施工记录	ZJ-049			
50	桩基混凝土工程施工记录	ZJ-050			
51	灌注桩混凝土灌注记录	ZJ-051			
52	班组自检（互检）记录	ZJ-052			
53	工序交接检查记录	ZJ-053			
54	技术复核（或预检）记录	ZJ-054			
55	不符合要求项处理记录	ZJ-055			
56	新技术、新设备、新材料、新工艺施工验收记录	ZJ-056			
57	其他资料				
结论					
总监理工程师（签字）：				年　月　日	

×××高速公路建设房建工程

钢结构工程施工技术资料

工程名称______________________________

建设单位______________________________

监理单位______________________________

施工单位______________________________

项目专业技术负责人____________________

编 制 人______________________________

竣工日期________年________月________日

×××高速公路建设房建工程
钢结构子分部工程施工技术资料核查表

工程名称：

序号	资料名称	编号	份数	核查意见	核查人
1	钢结构工程概况	GG-001			
2	工程参建各方签字签章存样表	GG-002			
3	工程项目管理人员名单	GG-003			
4	工程参建各方人员及签章变更备案表	GG-004			
5	施工现场质量管理检查记录	GG-005			
6	分包单位资质报审表	GG-006			
7	工程质量事故调（勘）查记录	GG-007			
8	建设工程质量事故报告	GC-008			
9	施工日志	GG-009			
10	施工组织设计（施工方案）审批表	GG-010			
11	技术（安全）交底记录	GG-011			
12	图纸会审、设计变更、洽商记录汇总表	GG-012			
13	图纸会审记录	GG-013			
14	设计交底记录	GG-014			
15	设计变更通知单	GG-015			
16	工程洽商记录	GG-016			
17	材料、构配件进场检验记录	GG-017			
18	材料合格证、复试报告汇总表	GG-018			
19	合格证［复印件（或抄件）］贴条	GG-019			
20	钢结构工程材料、构配件出厂合格证及进场检验（试验）报告汇总表	GG-020			
21	材料见证取样检测汇总表	GG-021			
22	取样送样试验见证记录	GG-022			
23	钢结构施工力学试验报告汇总表	GG-023			
24	焊接工艺评定报告汇总表	GG-024			
25	焊缝无损检测及热处理报告汇总表	GG-025			
26	涂装质量检测报告汇总表	GG-026			
27	涂膜附着力测试记录	GG-027			
28	涂层厚度检测记录	GG-028			

续表

序号	资料名称	编号	份数	核查意见	核查人
29	工程定位测量记录	GG-029			
30	标高抄测记录	GG-030			
31	钢结构主体整体垂直度、平面弯曲、标高观测记录	GG-031			
32	钢网架结构挠度值检查记录	GG-032			
33	钢结构基础复验记录	GG-033			
34	隐蔽工程验收记录	GG-034			
35	施工检查记录	GG-035			
36	焊接材料烘焙记录	GG-036			
37	钢结构零件热加工施工记录	GG-037			
38	钢结构零件边缘加工施工记录	GG-038			
39	钢构件组装检查记录（焊接 H 型钢）	GG-039			
40	钢构件组装检查记录（焊接连接制作组装）	GG-040			
41	钢构件组装检查记录（单层钢柱）	GG-041			
42	钢构件组装检查记录（多节钢柱）	GG-042			
43	钢构件组装检查记录（焊接实腹钢梁）	GG-043			
44	钢构件组装检查记录（钢桁架）	GG-044			
45	钢构件组装检查记录（钢管构件）	GG-045			
46	钢构件组装检查记录（墙架、檩条、支撑系统）	GG-046			
47	钢构件组装检查记录（钢平台、钢梯和防护钢栏杆）	GG-047			
48	钢结构焊缝外观检查记录	GG-048			
49	钢构件预拼装检查记录	GG-049			
50	钢结构构件安装检查记录	GG-050			
51	高强度螺栓施工检查记录	GG -051			
52	班组自检（互检）记录	GG-052			
53	工序交接检查记录	GG-053			
54	技术复核（或预检）记录	GG-054			
55	不符合要求项处理记录	GG-055			
56	新技术、新设备、新材料、新工艺施工验收记录	GG-056			
57	其他资料				
结论					
总监理工程师（签字）：				年　月　日	

×××高速公路建设房建工程

建筑装饰装修工程施工技术资料

工程名称＿＿＿＿＿＿＿＿＿＿＿＿＿＿＿＿

建设单位＿＿＿＿＿＿＿＿＿＿＿＿＿＿＿＿

监理单位＿＿＿＿＿＿＿＿＿＿＿＿＿＿＿＿

施工单位＿＿＿＿＿＿＿＿＿＿＿＿＿＿＿＿

项目专业技术负责人＿＿＿＿＿＿＿＿＿＿＿

编 制 人＿＿＿＿＿＿＿＿＿＿＿＿＿＿＿＿

竣工日期＿＿＿＿年＿＿＿＿月＿＿＿＿日

×××高速公路建设房建工程
建筑装饰装修分部工程施工技术资料核查表

工程名称：

序号	资料名称	编号	份数	核查意见	核查人
1	施工现场质量管理检查记录	ZX-001			
2	工程参建各方签字签章存样表	ZX-002			
3	工程项目管理人员名单	ZX-003			
4	工程参建各方人员及签章变更备案表	ZX-004			
5	分包单位资质报审表	ZX-005			
6	工程质量事故调（勘）查记录	ZX-006			
7	建设工程质量事故报告	ZX-007			
8	施工日志	ZX-008			
9	施工组织设计（施工方案）审批表	ZX-009			
10	技术（安全）交底记录	ZX-010			
11	图纸会审、设计变更、洽商记录汇总表	ZX-011			
12	图纸会审记录	ZX-012			
13	设计交底记录	ZX-013			
14	设计变更通知单	ZX-014			
15	工程洽商记录	ZX-015			
16	材料、构配件进场检验记录	ZX-016			
17	材料合格证、复试报告汇总表	ZX-017			
18	合格证［复印件（或抄件)］贴条	ZX-018			
19	材料见证取样检测汇总表	ZX-019			
20	取样送样试验见证记录	ZX-020			
21	工程施工控制网测量记录	ZX-021			
22	隐蔽工程验收记录	ZX-022			
23	幕墙等电位联结工程隐蔽工程验收记录	ZX-023			

续表

序号	资料名称	编号	份数	核查意见	核查人
24	施工检查记录	ZX-024			
25	幕墙等电位联结测试记录	ZX-025			
26	幕墙接地电阻测试记录	ZX-026			
27	厕所、厨房、阳台等有防水要求的地面泼水、蓄水试验记录	ZX-027			
28	幕墙构件和组件的加工制作记录	ZX-028			
29	打胶、养护环境的温度、湿度记录	ZX-029			
30	幕墙工程安装施工检验记录	ZX-030			
31	幕墙淋水试验记录	ZX-031			
32	班组自检（互检）记录	ZX-032			
33	工序交接检查记录	ZX-033			
34	技术复核（或预检）记录	ZX-034			
35	不符合要求项处理记录	ZX-035			
36	样板间（分项工程）质量检查记录	ZX-036			
37	新技术、新设备、新材料、新工艺施工验收记录	鲁 ZX-037			
38	其他资料				
结论					
总监理工程师（签字）：					年　月　日

×××高速公路建设房建工程

屋面工程施工技术资料

工程名称________________________________

建设单位________________________________

监理单位________________________________

施工单位________________________________

项目专业技术负责人____________________

编 制 人________________________________

竣工日期________年________月________日

×××高速公路建设房建工程
屋面分部工程施工技术资料核查表

工程名称：

序号	资料名称	编号	份数	核查意见	核查人
1	施工现场质量管理检查记录	WM-001			
2	工程参建各方签字签章存样表	WM-002			
3	工程项目管理人员名单	WM-003			
4	工程参建各方人员及签章变更备案表	WM-004			
5	分包单位资质报审表	WM-005			
6	工程质量事故调（勘）查记录	WM-006			
7	建设工程质量事故报告	WM-007			
8	施工日志	WM-008			
9	施工组织设计（施工方案）审批表	WM-009			
10	技术（安全）交底记录	WM-010			
11	图纸会审、设计变更、洽商记录汇总表	WM-011			
12	图纸会审记录	WM-012			
13	设计交底记录	WM-013			
14	设计变更通知单	WM-014			
15	工程洽商记录	WM-015			
16	材料、构配件进场检验记录	WM-016			
17	材料合格证、复试报告汇总表	WM-017			
18	防水和保温材料合格证、复试报告汇总表	WM-018			
19	（其他）材料合格证、复试报告汇总表	WM-019			
20	混凝土试块试压报告汇总表	WM-020			
21	合格证［复印件（或抄件）］贴条	WM-021			
22	预拌混凝土交货检验记录	WM-022			
23	材料见证取样检测汇总表	WM-023			
24	取样送样试验见证记录	WM-024			
25	混凝土试块强度统计、评定记录	WM-025			
26	屋面淋水、蓄水试验检查记录	WM-026			
27	隐蔽工程验收记录	WM-027			

续表

<table>
<tr><th>序号</th><th>资料名称</th><th>编号</th><th>份数</th><th>核查意见</th><th>核查人</th></tr>
<tr><td>28</td><td>钢筋隐蔽工程验收记录</td><td>WM-028</td><td></td><td></td><td></td></tr>
<tr><td>29</td><td>施工检查记录</td><td>WM-029</td><td></td><td></td><td></td></tr>
<tr><td>30</td><td>混凝土开盘鉴定</td><td>WM-030</td><td></td><td></td><td></td></tr>
<tr><td>31</td><td>预拌混凝土运输单</td><td>WM-031</td><td></td><td></td><td></td></tr>
<tr><td>32</td><td>混凝土浇灌申请书</td><td>WM-032</td><td></td><td></td><td></td></tr>
<tr><td>33</td><td>混凝土工程施工记录</td><td>WM-033</td><td></td><td></td><td></td></tr>
<tr><td>34</td><td>构件吊装记录</td><td>WM-034</td><td></td><td></td><td></td></tr>
<tr><td rowspan="2">35</td><td>预应力筋张拉记录（一）</td><td>WM-035.1</td><td></td><td></td><td></td></tr>
<tr><td>预应力筋张拉记录（二）</td><td>WM-035.2</td><td></td><td></td><td></td></tr>
<tr><td>36</td><td>有黏结预应力结构灌浆记录</td><td>WM-036</td><td></td><td></td><td></td></tr>
<tr><td>37</td><td>班组自检（互检）记录</td><td>WM-037</td><td></td><td></td><td></td></tr>
<tr><td>38</td><td>工序交接检查记录</td><td>WM-038</td><td></td><td></td><td></td></tr>
<tr><td>39</td><td>技术复核（或预检）记录</td><td>WM-039</td><td></td><td></td><td></td></tr>
<tr><td>40</td><td>不符合要求项处理记录</td><td>WM-040</td><td></td><td></td><td></td></tr>
<tr><td>41</td><td>样板间（分项工程）质量检查记录</td><td>WM-041</td><td></td><td></td><td></td></tr>
<tr><td>42</td><td>新技术、新设备、新材料、新工艺施工验收记录</td><td>WM-042</td><td></td><td></td><td></td></tr>
<tr><td>43</td><td>其他资料</td><td></td><td></td><td></td><td></td></tr>
<tr><td></td><td></td><td></td><td></td><td></td><td></td></tr>
<tr><td></td><td></td><td></td><td></td><td></td><td></td></tr>
<tr><td></td><td></td><td></td><td></td><td></td><td></td></tr>
<tr><td></td><td></td><td></td><td></td><td></td><td></td></tr>
<tr><td></td><td></td><td></td><td></td><td></td><td></td></tr>
<tr><td></td><td></td><td></td><td></td><td></td><td></td></tr>
<tr><td></td><td></td><td></td><td></td><td></td><td></td></tr>
<tr><td>结论</td><td colspan="5"></td></tr>
<tr><td colspan="6">总监理工程师（签字）：　　　　　　　　年　　月　　日</td></tr>
</table>

×××高速公路建设房建工程

建筑给水排水及供暖工程施工技术资料

工程名称________________________________

建设单位________________________________

监理单位________________________________

施工单位________________________________

项目专业技术负责人______________________

编 制 人________________________________

竣工日期________年________月________日

×××高速公路建设房建工程
建筑给排水及供暖分部工程施工技术资料核查表

工程名称：

序号	资料名称	编号	份数	核查意见	核查人
1	施工现场质量管理检查记录	SN-001			
2	工程参建各方签字签章存样表	SN-002			
3	工程项目管理人员名单	SN-003			
4	工程参建各方人员及签章变更备案表	SN-004			
5	分包单位资质报审表	SN-005			
6	工程质量事故调（勘）查记录	SN-006			
7	建设工程质量事故报告	SN-007			
8	施工日志	SN-008			
9	施工组织设计（施工方案）审批表	SN-009			
10	技术（安全）交底记录	SN-010			
11	图纸会审、设计变更、洽商记录汇总表	SN-011			
12	图纸会审记录	SN-012			
13	设计交底记录	SN-013			
14	设计变更通知单	SN-014			
15	工程洽商记录	SN-015			
16	材料、构配件进场检验记录	SN-016			
17	设备（开箱）进场检验记录	SN-017			
18	材料合格证、复试报告汇总表	SN-018			
19	合格证［复印件（或抄件）］贴条	SN-019			
20	材料见证取样检测汇总表	SN-020			
21	取样送样试验见证记录	SN-021			
22	隐蔽工程验收记录	SN-022			
23	管道隐蔽工程验收记录	SN-023			
24	设备基础隐蔽工程验收记录	SN-024			
25	阀门试验记录	SN-025			
26	自动喷水灭火系统喷头抽样检查试验记录	SN-026			
27	自动喷水灭火系统报警阀组检查试验记录	SN-027			
28	水压、气压试验记录	SN-028			
29	管道灌水试验记录	SN-029			

续表

序号	资料名称	编号	份数	核查意见	核查人
30	非承压容器满水试验记录	SN-030			
31	管道通水试验记录	SN-031			
32	室内排水管道通球试验记录	SN-032			
33	管道（设备）冲（吹）洗记录	SN-033			
34	卫生器具满水试验记录	SN-034			
35	地漏及地面清扫口排水试验记录	SN-035			
36	室内消火栓试射记录	SN-036			
37	采暖系统调试记录	SN-037			
38	安全阀调整试验记录	SN-038			
39	伸缩器制作（安装）记录	SN-039			
40	室外排水管道灌水和通水试验记录	SN-040			
41	设备基础复检记录	SN-041			
42	设备单机试运转及调试记录	SN-042			
43	自动喷水灭火系统末端试水装置放水试验记录	SN-043			
44	自动喷水灭火系统联动试验记录	SN-044			
45	自动喷水灭火系统调试报告	SN-045			
46	施工检查记录	SN-046			
47	安全附件安装检查记录	SN-047			
48	整体锅炉烘炉记录	SN-048			
49	整体锅炉煮炉记录	SN-049			
50	整体锅炉48h负荷试运行记录	SN-050			
51	防腐施工记录	SN-051			
52	绝热施工记录	SN-052			
53	班组自检（互检）记录	SN-053			
54	工序交接检查记录	SN-054			
55	技术复核（或预检）记录	SN-055			
56	不符合要求项处理记录	SN-056			
57	样板间（分项工程）质量检查记录	SN-057			
58	新技术、新设备、新材料、新工艺施工验收记录	SN-058			
59	其他资料				
结论					
总监理工程师（签字）：					年　月　日

×××高速公路建设房建工程

通风与空调工程施工技术资料

工程名称________________________________

建设单位________________________________

监理单位________________________________

施工单位________________________________

项目专业技术负责人______________________

编 制 人__________________________________

竣工日期________年________月________日

×××高速公路建设房建工程
通风与空调分部工程施工技术资料核查表

工程名称：

序号	资料名称	编号	份数	核查意见	核查人
1	施工现场质量管理检查记录	TK-001			
2	工程参建各方签字签章存样表	TK-002			
3	工程项目管理人员名单	TK-003			
4	工程参建各方人员及签章变更备案表	TK-004			
5	分包单位资质报审表	TK-005			
6	工程质量事故调（勘）查记录	TK-006			
7	建设工程质量事故报告	TK-007			
8	施工日志	TK-008			
9	施工组织设计（施工方案）审批表	TK-009			
10	技术（安全）交底记录	TK-010			
11	图纸会审、设计变更、洽商记录汇总表	TK-011			
12	图纸会审记录	TK-012			
13	设计交底记录	TK-013			
14	设计变更通知单	TK-014			
15	工程洽商记录	TK-015			
16	材料、构配件进场检验记录	TK-016			
17	设备（开箱）进场检验记录	TK-017			
18	材料合格证、复试报告汇总表	TK-018			
19	合格证［复印件（或抄件）］贴条	TK-019			
20	材料见证取样检测汇总表	TK-020			
21	取样送样试验见证记录	TK-021			
22	隐蔽工程验收记录	TK-022			
23	管道隐蔽工程验收记录	TK-023			
24	设备基础隐蔽工程验收记录	TK-024			
25	施工检查记录	TK-025			
26	伸缩器制作（安装）记录	TK-026			
27	设备基础复检记录	TK-027			

续表

序号	资料名称	编号	份数	核查意见	核查人
28	通风装置一般性能检查记录	TK-028			
29	空调装置一般性能检查记录	TK-029			
30	防腐施工记录	TK-030			
31	绝热施工记录	TK-031			
32	阀门试验记录	TK-032			
33	水压、气压试验记录	TK-033			
34	空调冷凝水管道通水试验记录	TK-034			
35	风管强度检测记录	TK-035			
36	风管系统（现场组装除尘器、空调机）漏风量检测记录	TK-036			
37	中、低压风管系统漏光检测记录	TK-037			
38	管道（设备）冲（吹）洗记录	TK-038			
39	风机盘管水压试验记录	TK-039			
40	制冷系统气密性试验记录	TK-040			
41	净化空调系统风管清洗记录	TK-041			
42	通风空调设备、管道（防静电）接地检查验收记录	TK-042			
43	风口平衡试验（调整）记录	TK-043			
44	通风空调设备单机试运转及调试记录	TK-044			
45	通风空调系统无生产负荷下的联合试运转及调试记录	TK-045.1			
	通风空调系统无生产负荷下的联合试运转及调试记录附表	TK-045.2			
46	防排烟系统联合试运行记录	TK-046			
47	班组自检（互检）记录	TK-047			
48	工序交接检查记录	TK-048			
49	技术复核（或预检）记录	TK-049			
50	不符合要求项处理记录	TK-050			
51	样板间（分项工程）质量检查记录	TK-051			
52	新技术、新设备、新材料、新工艺施工验收记录	TK-052			
53	其他资料				
结论					
总监理工程师（签字）：					年　月　日

×××高速公路建设房建工程

建筑电气工程施工技术资料

工程名称____________________________

建设单位____________________________

监理单位____________________________

施工单位____________________________

项目专业技术负责人__________________

编 制 人____________________________

竣工日期________年________月________日

×××高速公路建设房建工程

建筑电气分部工程施工技术资料核查表

工程名称：

序号	资料名称	编号	份数	核查意见	核查人
1	施工现场质量管理检查记录	DQ-001			
2	工程参建各方签字签章存样表	DQ-002			
3	工程项目管理人员名单	DQ-003			
4	工程参建各方人员及签章变更备案表	DQ-004			
5	分包单位资质报审表	DQ-005			
6	工程质量事故调（勘）查记录	DQ-006			
7	建设工程质量事故报告	DQ-007			
8	施工日志	DQ-008			
9	施工组织设计（施工方案）审批表	DQ-009			
10	技术（安全）交底记录	DQ-010			
11	图纸会审、设计变更、洽商记录汇总表	DQ-011			
12	图纸会审记录	DQ-012			
13	设计交底记录	DQ-013			
14	设计变更通知单	DQ-014			
15	工程洽商记录	DQ-015			
16	材料、构配件进场检验记录	DQ-016			
17	设备（开箱）进场检验记录	DQ-017			
18	材料合格证、复试报告汇总表	DQ-018			
19	合格证［复印件（或抄件）］贴条	DQ-019			
20	材料见证取样检测汇总表	DQ-020			
21	取样送样试验见证记录	DQ-021			
22	隐蔽工程验收记录	DQ-022			
23	电气接地装置隐蔽验收记录	DQ-023			
24	避雷装置隐蔽验收记录	DQ-024			
25	幕墙及金属门窗避雷装置隐蔽验收记录	DQ-025			
26	电缆隐蔽工程验收记录	DQ-026			
27	电气等电位联结工程隐蔽验收记录	DQ-027			

续表

序号	资料名称	编号	份数	核查意见	核查人
28	施工检查记录	DQ-028			
29	电缆敷设施工记录	DQ-029.1			
	电缆敷设施工记录（附页）	DQ-029.2			
30	电缆终端头（中间接头）制作记录	DQ-030			
31	母线搭接螺栓的拧紧力矩测试记录	DQ-031			
22	接闪线和接闪带固定支架的垂直拉力测试记录	DQ-032			
33	接地（等电位）联结导通性测试记录	DQ-033			
34	电气绝缘电阻测试记录	DQ-034			
35	电气接地电阻测试记录	DQ-035			
36	接地故障回路阻抗测试记录	DQ-036			
37	漏电开关模拟试验记录	DQ-037			
38	电气设备空载试运行和负荷试运行记录	DQ-038			
39	电气照明通电试运行记录	DQ-039			
40	电气照明（动力）全负荷试运行记录	DQ-040			
41	照明系统照度和功率密度值测试记录	DQ-041			
42	灯具固定装置及悬吊装置的载荷强度试验记录	DQ-042			
43	电动机检查（抽芯）记录	DQ-043			
44	异步电动机试验报告单	DQ-044			
45	大容量电气线路节点测温记录	DQ-045			
46	低压电气设备交接试验记录	DQ-046			
47	EPS应急持续供电时间记录	DQ-047			
48	班组自检（互检）记录	DQ-048			
49	工序交接检查记录	DQ-049			
50	技术复核（或预检）记录	DQ-050			
51	不符合要求项处理记录	DQ-051			
52	样板间（分项工程）质量检查记录	DQ-052			
53	新技术、新设备、新材料、新工艺施工验收记录	DQ-053			
54	其他资料				
结论					
总监理工程师（签字）：				年 月 日	

×××高速公路建设房建工程

智能建筑工程施工技术资料

工程名称______________________________

建设单位______________________________

监理单位______________________________

土建施工单位__________________________

安装单位______________________________

项目专业技术负责人____________________

编 制 人______________________________

竣工日期________年________月________日

×××高速公路建设房建工程

智能建筑分部工程施工技术资料核查表

工程名称：

序号	资料名称	编号	份数	核查意见	核查人
1	施工现场质量管理检查记录	ZN-001			
2	工程参建各方签字签章存样表	ZN-002			
3	工程项目管理人员名单	ZN-003			
4	工程参建各方人员及签章变更备案表	ZN-004			
5	分包单位资质报审表	ZN-005			
6	工程质量事故调（勘）查记录	ZN-006			
7	建设工程质量事故报告	ZN-007			
8	施工日志	ZN-008			
9	施工组织设计（施工方案）审批表	ZN-009			
10	技术（安全）交底记录	ZN-010			
11	图纸会审、设计变更、洽商记录汇总表	ZN-011			
12	图纸会审记录	ZN-012			
13	设计交底记录	ZN-013			
14	设计变更通知单	ZN-014			
15	工程洽商记录	ZN-015			
16	材料、构配件进场检验记录	ZN-016			
17	设备（开箱）进场检验记录	ZN-017			
18	材料合格证、复试报告汇总表	ZN-018			
19	合格证［复印件（或抄件）］贴条	ZN-019			
20	材料见证取样检测汇总表	ZN-020			
21	取样送样试验见证记录	ZN-021			

续表

序号	资料名称	编号	份数	核查意见	核查人
22	隐蔽工程验收记录	ZN-022			
23	施工检查记录	ZN-023			
24	接地电阻测试记录	ZN-024			
25	单机调试报告	ZN-025			
26	子系统调试报告	ZN-026			
27	联动调试报告	ZN-027			
28	试运行记录	ZN-028			
29	班组自检（互检）记录	ZN-029			
30	技术复核（或预检）记录	ZN-030			
31	工序交接检查记录	ZN-031			
32	不符合要求项处理记录	ZN-032			
33	样板间（分项工程）质量检查记录	ZN-033			
34	新技术、新设备、新材料、新工艺施工验收记录	ZN-034			
35	其他资料				
结论					
总监理工程师（签字）： 年 月 日					

×××高速公路建设房建工程

建筑节能工程施工技术资料

工程名称________________________________

建设单位________________________________

监理单位________________________________

施工单位________________________________

项目专业技术负责人______________________

编 制 人________________________________

竣工日期________年________月________日

×××高速公路建设房建工程
建筑节能分部工程施工技术资料核查表

工程名称：

序号	资料名称	编号	份数	核查意见	核查人
1	建筑节能工程概况表	JN-001			
2	工程参建各方签字签章存样表	JN-002			
3	工程项目管理人员名单	JN-003			
4	工程参建各方人员及签章变更备案表	JN-004			
5	施工现场质量管理检查记录	JN-005			
6	分包单位资质报审表	JN-006			
7	工程质量事故调（勘）查记录	JN-007			
8	建设工程质量事故报告	JN-008			
9	施工日志	JN-009			
10	施工组织设计（施工方案）审批表	JN-010			
11	技术（安全）交底记录	JN-011			
12	图纸会审、设计变更、洽商记录汇总表	JN-012			
13	图纸会审记录	JN-013			
14	设计交底记录	JN-014			
15	设计变更通知单	JN-015			
16	工程洽商记录	JN-016			
17	材料、构配件进场检验记录	JN-017			
18	设备（开箱）进场检验记录	JN-018			
19	材料合格证、复试报告汇总表	JN-019			
20	合格证［复印件（或抄件）］贴条	JN-020			
21	材料见证取样检测汇总表	JN-021			
22	取样送样试验见证记录	JN-022			
23	隐蔽工程验收记录	JN-23.1			
	隐蔽工程图像资料粘贴表	JN-23.2			
24	施工检查记录	JN-024			
25	建筑节能工程现场检测试验报告汇总表	JN-025			
26	风管严密性（漏光法检测）测试记录	JN-026			

续表

序号	资料名称	编号	份数	核查意见	核查人
27	风管严密性（现场组装除尘器、空调机）测试记录	JN-027			
28	设备单机试运转及调试记录	JN-028			
29	风口平衡试验（调整）记录	JN-029			
30	冷热源和辅助设备联合试运转及调试报告	JN-030			
31	采暖系统调试记录	JN-031			
32	采暖房间温度测试记录	JN-032			
33	低压配电电源质量性能指标测试记录	JN-033			
34	照明系统照度和功率密度值测试记录	JN-034			
35	母线搭接螺栓的拧紧力矩测试记录	JN-035			
36	三相照明配电干线各相负荷平衡情况测试记录	JN-036			
37	系统控制功能及故障报警功能运行测试记录	JN-037			
38	监测与计量装置检测计量数据比对记录	JN-038			
39	照明自动控制系统功能测试记录	JN-039			
40	综合控制系统功能测试记录	JN-040			
41	建筑能源管理系统功能测试记录	JN-041			
42	子系统检测记录	JN-042			
43	系统检测汇总表	JN-043			
44	保温材料厚度检查记录	JN-044			
45	班组自检（互检）记录	JN-045			
46	工序交接检查记录	JN-046			
47	技术复核（或预检）记录	JN-047			
48	不符合要求项处理记录	JN-048			
49	样板间（分项工程）质量检查记录	JN-049			
50	新技术、新设备、新材料、新工艺施工验收记录	JN-050			
51	其他资料				
结论					
总监理工程师（签字）：				年　月　日	

×××高速公路建设房建工程

电梯工程施工技术资料

工程名称________________________________

建设单位________________________________

监理单位________________________________

土建施工单位____________________________

安装单位________________________________

项目专业技术负责人______________________

编　制　人______________________________

竣工日期________年________月________日

×××高速公路建设房建工程
建筑电梯分部工程施工技术资料核查表

工程名称：

序号	资料名称	编号	份数	核查意见	核查人
1	施工现场质量管理检查记录	DT-001			
2	工程参建各方签字签章存样表	DT-002			
3	工程项目管理人员名单	DT-003			
4	工程参建各方人员及签章变更备案表	DT-004			
5	分包单位资质报审表	DT-005			
6	工程质量事故调（勘）查记录	DT-006			
7	建设工程质量事故报告	DT-007			
8	施工日志	DT-008			
9	施工组织设计（施工方案）审批表	DT-009			
10	技术（安全）交底记录	DT-010			
11	图纸会审、设计变更、洽商记录汇总表	DT-011			
12	图纸会审记录	DT-012			
13	设计交底记录	DT-013			
14	设计变更通知单	DT-014			
15	工程洽商记录	DT-015			
16	材料、构配件进场检验记录	DT-016			
17	设备（开箱）进场检验记录	DT-017			
18	材料合格证、复试报告汇总表	DT-018			
19	合格证［复印件（或抄件）］贴条	DT-019			
20	材料见证取样检测汇总表	DT-020			
21	取样送样试验见证记录	DT-021			
22	隐蔽工程验收记录	DT-022			
23	施工检查记录	DT-023			
24	电梯机房、井道测量交接检查记录	DT-024			
25	电梯安装样板放线记录	DT-025			
26	电梯电气装置安装检查记录（一）	DT-026.1			
	电梯电气装置安装检查记录（二）	DT-026.2			
	电梯电气装置安装检查记录（三）	DT-026.3			

续表

序号	资料名称	编号	份数	核查意见	核查人
27	自动扶梯、自动人行道安装与土建交接检查记录	DT-027			
28	自动扶梯、自动人行道的相邻区域检查记录	DT-028			
29	自动扶梯、自动人行道电气装置检查记录（一）	DT-029.1			
	自动扶梯、自动人行道电气装置检查记录（二）	DT-029.2			
30	自动扶梯、自动人行道整机安装质量检查记录	DT-030			
31	绝缘电阻测试记录	DT-031			
32	接地电阻测试记录	DT-032			
33	轿厢平层准确度测量记录	DT-033			
34	电梯层门安全装置检验记录	DT-034			
35	电梯电气安全装置检验记录	DT-035			
36	电梯整机功能检验记录	DT-036			
37	电梯主要功能检验记录	DT-037			
38	电梯负荷运行试验记录	DT-038			
39	电梯负荷运行试验曲线图	DT-039			
40	电梯噪声测试记录	DT-040			
41	自动扶梯、自动人行道安全装置检验记录（一）	DT-041.1			
	自动扶梯、自动人行道安全装置检验记录（二）	DT-041.2			
42	自动扶梯、自动人行道整机性能、运行试验记录	DT-042			
43	班组自检（互检）记录	DT-043			
44	工序交接检查记录	DT-044			
45	技术复核（或预检）记录	DT-045			
46	不符合要求项处理记录	DT-046			
47	样板间（分项工程）质量检查记录	DT-047			
48	新技术、新设备、新材料、新工艺施工验收记录	DT-048			
49	其他资料				
结论					
总监理工程师（签字）： 年 月 日					

×××高速公路建设房建工程

单位工程竣工资料

×××高速公路建设房建工程
单位（子单位）工程竣工预验收报审表

<table>
<tr><td>致：________________________（项目监理机构）
我方已按照施工合同要求完成____________________工程，经自检合格，现将有关资料报上，请予以预验收。

附件：1. 工程质量验收报告
2. 工程功能检验资料

施工单位（盖章）
项目负责人（签字）__________
年　月　日</td></tr>
<tr><td>预验收意见：

经预验收，该工程合格/不合格，可以/不可以组织正式验收。

项目监理机构（盖章）
总监理工程师（签字、加盖执业印章）__________
年　月　日</td></tr>
</table>

××× 高速公路建设房建工程

单位（子单位）工程质量竣工验收记录

<table>
<tr><td colspan="2">工程名称</td><td></td><td>结构类型</td><td></td><td>层数/建筑面积</td><td></td></tr>
<tr><td colspan="2">施工单位</td><td></td><td>技术负责人</td><td></td><td>开工日期</td><td>年 月 日</td></tr>
<tr><td colspan="2">项目负责人</td><td></td><td>项目技术负责人</td><td></td><td>竣工日期</td><td>年 月 日</td></tr>
<tr><td>序号</td><td>项目</td><td colspan="3">验收记录</td><td colspan="2">验收结论</td></tr>
<tr><td>1</td><td>分部工程</td><td colspan="3">共__分部，经查符合设计及标准规定分部</td><td colspan="2"></td></tr>
<tr><td>2</td><td>质量控制
资料核查</td><td colspan="3">共__项，经核查符合规定__项</td><td colspan="2"></td></tr>
<tr><td>3</td><td>安全和主要使用功能核查及抽查结果</td><td colspan="3">共核查__项，符合规定__项，
共抽查 项，符合规定__项，
经返工处理符合规定__项</td><td colspan="2"></td></tr>
<tr><td>4</td><td>观感质量验收</td><td colspan="3">共抽查 项，达到“好”和“一般”的__项，经返修处理符合要求的 项</td><td colspan="2"></td></tr>
<tr><td>5</td><td>综合验收结论</td><td colspan="3"></td><td colspan="2"></td></tr>
<tr><td rowspan="2">参加验收单位</td><td>建设单位</td><td>监理单位</td><td>施工单位</td><td>设计单位</td><td colspan="2">勘察单位</td></tr>
<tr><td>（公章）
项目负责人
（盖注册建造师执业印章）：
年 月 日</td><td>（公章）
总监理工程师
年 月 日</td><td>（公章）
项目负责人
年 月 日</td><td>（公章）
项目负责人
年 月 日</td><td colspan="2">（公章）
项目负责人
年 月 日</td></tr>
</table>

注：单位工程验收时，验收签字人应由单位的法人代表书面授权。

×××高速公路建设房建工程
单位（子单位）工程质量控制资料核查记录

<table>
<tr><td colspan="2">工程名称</td><td></td><td>施工单位</td><td colspan="4"></td></tr>
<tr><td rowspan="2">序号</td><td rowspan="2">项目</td><td rowspan="2">资料名称</td><td rowspan="2">份数</td><td colspan="2">施工单位</td><td colspan="2">监理单位</td></tr>
<tr><td>核查意见</td><td>核查人</td><td>核查意见</td><td>核查人</td></tr>
<tr><td>1</td><td rowspan="12">建筑与结构</td><td>图纸会审、设计变更、洽商记录</td><td></td><td></td><td></td><td></td><td></td></tr>
<tr><td>2</td><td>工程定位测量、放线记录</td><td></td><td></td><td></td><td></td><td></td></tr>
<tr><td>3</td><td>原材料出厂合格证书及进场检（试）验报告</td><td></td><td></td><td></td><td></td><td></td></tr>
<tr><td>4</td><td>施工试验报告及见证取样检测报告</td><td></td><td></td><td></td><td></td><td></td></tr>
<tr><td>5</td><td>隐蔽工程验收记录</td><td></td><td></td><td></td><td></td><td></td></tr>
<tr><td>6</td><td>施工记录</td><td></td><td></td><td></td><td></td><td></td></tr>
<tr><td>7</td><td>预制构件、预拌混凝土合格证</td><td></td><td></td><td></td><td></td><td></td></tr>
<tr><td>8</td><td>地基、基础、主体结构检验及抽样检测资料</td><td></td><td></td><td></td><td></td><td></td></tr>
<tr><td>9</td><td>分部、分项工程质量验收记录</td><td></td><td></td><td></td><td></td><td></td></tr>
<tr><td>10</td><td>工程质量事故及事故调查处理资料</td><td></td><td></td><td></td><td></td><td></td></tr>
<tr><td>11</td><td>新技术论证、备案及施工资料</td><td></td><td></td><td></td><td></td><td></td></tr>
<tr><td></td><td></td><td></td><td></td><td></td><td></td><td></td></tr>
<tr><td>1</td><td rowspan="9">给水排水与供暖</td><td>图纸会审、设计变更、洽商记录</td><td></td><td></td><td></td><td></td><td></td></tr>
<tr><td>2</td><td>原材料出厂合格证书及进场检（试）验报告</td><td></td><td></td><td></td><td></td><td></td></tr>
<tr><td>3</td><td>管道、设备强度试验、严密性试验记录</td><td></td><td></td><td></td><td></td><td></td></tr>
<tr><td>4</td><td>隐蔽工程验收记录</td><td></td><td></td><td></td><td></td><td></td></tr>
<tr><td>5</td><td>系统清洗、灌水、通水、通球试验记录</td><td></td><td></td><td></td><td></td><td></td></tr>
<tr><td>6</td><td>施工记录</td><td></td><td></td><td></td><td></td><td></td></tr>
<tr><td>7</td><td>分部、分项工程质量验收记录</td><td></td><td></td><td></td><td></td><td></td></tr>
<tr><td>8</td><td>新技术论证、备案及施工资料</td><td></td><td></td><td></td><td></td><td></td></tr>
<tr><td></td><td></td><td></td><td></td><td></td><td></td><td></td></tr>
<tr><td>1</td><td rowspan="9">建筑电气</td><td>图纸会审、设计变更、洽商记录</td><td></td><td></td><td></td><td></td><td></td></tr>
<tr><td>2</td><td>原材料出厂合格证书及进场检（试）验报告</td><td></td><td></td><td></td><td></td><td></td></tr>
<tr><td>3</td><td>设备调试记录</td><td></td><td></td><td></td><td></td><td></td></tr>
<tr><td>4</td><td>接地、绝缘电阻测试记录</td><td></td><td></td><td></td><td></td><td></td></tr>
<tr><td>5</td><td>隐蔽工程验收记录</td><td></td><td></td><td></td><td></td><td></td></tr>
<tr><td>6</td><td>施工记录</td><td></td><td></td><td></td><td></td><td></td></tr>
<tr><td>7</td><td>分部、分项工程质量验收记录</td><td></td><td></td><td></td><td></td><td></td></tr>
<tr><td>8</td><td>新技术论证、备案及施工资料</td><td></td><td></td><td></td><td></td><td></td></tr>
<tr><td></td><td></td><td></td><td></td><td></td><td></td><td></td></tr>
</table>

续表

工程名称			施工单位				
序号	项目	资料名称	份数	施工单位		监理单位	
				核查意见	核查人	核查意见	核查人
1	通风与空调	图纸会审、设计变更、洽商记录					
2		原材料出厂合格证书及进场检（试）验报告					
3		制冷、空调、水管道强度试验、严密性试验记录					
4		隐蔽工程验收记录					
5		制冷设备运行调试记录					
6		通风、空调系统调试记录					
7		施工记录					
8		分部、分项工程质量验收记录					
9		新技术论证、备案及施工资料					
1	电梯	图纸会审、设计变更、洽商记录					
2		设备出厂合格证书及开箱检验记录					
3		隐蔽工程验收已录					
4		施工记录					
5		接地、绝缘电阻测试记录					
6		负荷试验、安全装置检查记录					
7		分部、分项工程质量验收记录					
8		新技术论证、备案及施工资料					
1	智能建筑	图纸会审、设计变更、洽商记录					
2		原材料出厂合格证书及进场检（试）验报告					
3		隐蔽工程验收记录					
4		施工记录					
5		系统功能测定及设备调试记录					
6		系统技术、操作和维护手册					
7		系统管理、操作人员培训记录					
8		系统检测报告					
9		分部、分项工程质量验收记录					
10		新技术论证、备案及施工资料					

续表

工程名称			施工单位				
序号	项目	资料名称	份数	施工单位		监理单位	
				核查意见	核查人	核查意见	核查人
1	建筑节能	图纸会审、设计变更、洽商记录					
2		原材料出厂合格证书及进场检（试）验报告					
3		隐蔽工程验收记录					
4		施工记录					
5		外墙、外窗节能检验报告					
6		设备系统节能检测报告					
7		分部、分项工程质量验收记录					
8		新技术论证、备案及施工资料					

结论：

施工单位项目负责人：
（盖注册建造师执业印章）
年　月　日

总监理工程师：
（建设单位项目负责人）
年　月　日

××× 高速公路建设房建工程

单位（子单位）工程安全和功能检验资料核查及主要功能抽查记录

工程名称			施工单位			
序号	项目	资料名称	份数	核查意见	抽查结果	核查（抽查）人
1	建筑与结构	地基承载力检验报告				
2		桩基承载力检验报告				
3		混凝土强度试验报告				
4		砂浆强度试验报告				
5		主体结构尺寸、位置抽查记录				
6		建筑物垂直度、标高、全高测量记录				
7		屋面淋水或蓄水试验记录				
8		地下室渗漏水检测记录				
9		有防水要求的地面蓄水试验记录				
10		抽气（风）道检查记录				
11		外窗气密性、水密性、耐风压检测报告				
12		幕墙气密性、水密性、耐风压检测报告				
13		建筑物沉降观测记录				
14		节能、保温测试记录				
15		室内环境检测报告				
16		土壤氡气浓度检测报告				
1	给水排水与供暖	给水管道通水试验记录				
2		供暖管道、散热器压力试验记录				
3		卫生器具满水试验记录				
4		消防管道、燃气管道压力试验记录				
5		排水干管道球试验记录				
1	建筑电气	照明全负荷试验记录				
2		大型灯具牢固性试验记录				
3		避雷接地电阻测试记录				
4		线路、插座、开关接地检验记录				
1	通风空调	通风、空调系统试运行记录				
2		风量、温度测试记录				
3		空气能量回收装置测试记录				
4		洁净室洁净度测试记录				
5		制冷机组试运行调试记录				
1	电梯	电梯运行记录				
2		电梯安全装置检测报告				
1	智能建筑	系统试运行记录				
2		系统电源及接地检测报告				
1	建筑节能	外墙节能构造检查记录或热工性能检验报告				
2		设备系统节能性能检查记录				

结论：

施工单位项目负责人：　　　　总监理工程师：

（盖注册建造师执业印章）：　　　　（建设单位项目负责人）

年　月　日　　　　年　月　日

×××高速公路建设房建工程

单位（子单位）工程观感质量检查记录

工程名称			施工单位	
序号	项目		抽查质量状况	质量评价
1	建筑与结构	主体结构外观	共检查　点，好　点，一般　点，差　点	
2		室外墙面	共检查　点，好　点，一般　点，差　点	
3		变形缝、雨水管	共检查　点，好　点，一般　点，差　点	
4		屋面	共检查　点，好　点，一般　点，差　点	
5		室内墙面	共检查　点，好　点，一般　点，差　点	
6		室内顶棚	共检查　点，好　点，一般　点，差　点	
7		室内地面	共检查　点，好　点，一般　点，差　点	
8		楼梯、踏步、护栏	共检查　点，好　点，一般　点，差　点	
9		门窗	共检查　点，好　点，一般　点，差　点	
10		雨罩、台阶、坡道、散水	共检查　点，好　点，一般　点，差　点	
1	给水排水与供暖	管道接口、坡度、支架	共检查　点，好　点，一般　点，差　点	
2		卫生器具、支架、阀门	共检查　点，好　点，一般　点，差　点	
3		检查口、扫除口、地漏	共检查　点，好　点，一般　点，差　点	
4		散热器、支架	共检查　点，好　点，一般　点，差　点	
1	建筑电气	配电箱、盘、板、接线盒	共检查　点，好　点，一般　点，差　点	
2		设备器具、开关、插座	共检查　点，好　点，一般　点，差　点	
3		防雷、接地	共检查　点，好　点，一般　点，差　点	
1	通风空调	风管、支架	共检查　点，好　点，一般　点，差　点	
2		风口、风阀	共检查　点，好　点，一般　点，差　点	
3		风机、空调设备	共检查　点，好　点，一般　点，差　点	
4		阀门、支架	共检查　点，好　点，一般　点，差　点	
5		水泵、冷却塔	共检查　点，好　点，一般　点，差　点	
6		绝热	共检查　点，好　点，一般　点，差　点	
1	电梯	运行、平层、开关门	共检查　点，好　点，一般　点，差　点	
2		层门、信号系统	共检查　点，好　点，一般　点，差　点	
3		机房	共检查　点，好　点，一般　点，差　点	
1	智能建筑	机房设备安装及布局	共检查　点，好　点，一般　点，差　点	
2		现场设备安装	共检查　点，好　点，一般　点，差　点	
观感质量综合评价				
检查结论				

施工单位项目负责人 （盖注册建造师执业印章）	年　月　日	总监理工程师	年　月　日

参考文献

[1] 中华人民共和国交通运输部. 公路工程标准施工招标文件(2018年版)[M]. 北京：人民交通出版社，2018.

[2] 中华人民共和国住房和城乡建设部. 建筑工程施工质量验收统一标准：GB 50300—2013[S]. 北京：中国建筑工业出版社，2014.

[3] 中华人民共和国住房和城乡建设部. 建筑地基基础工程施工质量验收标准：GB 50202—2018 [S]. 北京：中国计划出版社，2018.

[4] 中华人民共和国住房和城乡建设部. 地下防水工程质量验收规范：GB 50208—2011 [S]. 北京：中国建筑工业出版社，2012.

[5] 中华人民共和国住房和城乡建设部. 地下工程防水技术规范：GB 50108—2008[S]. 北京：中国计划出版社，2009.

[6] 中华人民共和国住房和城乡建设部. 建筑边坡工程技术规范：GB 50330—2013 [S]. 北京：中国建筑工业出版社，2014.

[7] 中华人民共和国住房和城乡建设部. 混凝土结构工程施工质量验收规范：GB 50204—2015 [S]. 北京：中国建筑工业出版社，2015.

[8] 中华人民共和国国家质量监督检验检疫总局，中华人民共和国建设部. 钢结构工程施工质量验收规范：GB 50205—2001 [S]. 北京：中国计划出版社，2002.

[9] 中华人民共和国住房和城乡建设部. 铝合金结构工程施工质量验收规范：GB 50576—2010 [S]. 北京：中国计划出版社，2010.

[10] 中华人民共和国住房和城乡建设部. 砌体结构工程施工质量验收规范：GB 50203—2011[S]. 北京：中国建筑工业出版社，2012.

[11] 中华人民共和国住房和城乡建设部. 混凝土结构工程施工规范：GB 50666—2011 [S]. 北京：中国建筑工业出版社，2012.

[12] 中华人民共和国住房和城乡建设部. 砌体结构工程施工规范：GB 50924—2014 [S]. 北京：中国建筑工业出版社，2014.

[13] 中华人民共和国住房和城乡建设部. 钢结构工程施工规范：GB 50755—2012 [S]. 北京：中国建筑工业出版社，2012.

[14] 中华人民共和国住房和城乡建设部. 建筑地面工程施工质量验收规范：GB 50209—2010[S]. 北京：中国计划出版社，2010.

[15] 中华人民共和国住房和城乡建设部. 建筑装饰装修工程施工质量验收标准：GB 50210—2018 [S]. 北京：中国建筑工业出版社，2018.

[16] 中华人民共和国住房和城乡建设部. 屋面工程质量验收规范：GB 50207—2012[S]. 北京：中国建筑工业出版社，2012.

[17] 中华人民共和国住房和城乡建设部. 坡屋面工程技术规范：GB 50693—2011[S]. 北京：中国计划出版社，2012.

[18] 中华人民共和国住房和城乡建设部，国家质量监督检验检疫总局. 屋面工程技术规范：GB 50345—2012 [S]. 北京：中国建筑工业出版社，2012.

[19] 中华人民共和国住房和城乡建设部，国家质量监督检验检疫总局．建筑给排水及采暖工程质量验收规范：GB 50242—2002[S]．北京：中国标准出版社，2002.
[20] 中华人民共和国住房和城乡建设部．通风与空调工程施工质量验收规范：GB 50243—2016[S]．北京：中国计划出版社，2017.
[21] 中华人民共和国住房和城乡建设部．建筑电气工程施工质量验收规范：GB 50303—2015[S]．北京：中国建筑工业出版社，2016.
[22] 中华人民共和国住房和城乡建设部，国家市场监督管理总局．建筑节能工程施工质量验收规范：GB 50411—2019[S]．北京：中国建筑工业出版社，2019.
[23] 中华人民共和国住房和城乡建设部．建设工程文件归档规范：GB/T 50328—2014[S]．北京：中国建筑工业出版社，2015.
[24] 中华人民共和国住房和城乡建设部．建设工程监理规范：GB/T 50319—2013[S]．北京：中国建筑工业出版社，2014.
[25] 中华人民共和国住房和城乡建设部．建筑工程资料管理规程：JGJ/T 185—2009[S]．北京：中国建筑工业出版社，2010.
[26] 中华人民共和国住房和城乡建设部．铝合金结构工程施工规程：JGJ/T 216—2010[S]．北京：中国建筑工业出版社，2011.
[27] 中华人民共和国住房和城乡建设部．单层防水卷材屋面工程技术规程：JGJ/T 316—2013[S]．北京：中国建筑工业出版社，2014.